智能制造与装备制造业转

U0166487

磁流变液智能制动
技术及其应用

王道明　訾斌　王亚坤　著

机械工业出版社

本书系统、全面地介绍了磁流变液智能制动技术及其在车辆和机器人领域应用的最新研究成果。主要内容包括磁流变液制动器的设计与多目标优化、磁流变液制动器的多物理场仿真研究、磁流变液制动器的制动力稳定控制策略研究、磁流变液制动器的制动与散热性能实验研究、汽车磁流变液制动器的防抱死制动研究、基于磁流变液制动器的汽车制动踏板感觉模拟器、基于磁流变液制动器的汽车线控转向路感模拟装置、磁流变力反馈数据手套设计与反馈力控制研究、基于磁流变液制动器的手部主被动康复训练机器人。全书内容翔实、全面，理论与实践并重，既有理论水平和学术价值，也对工程实践具有指导意义。

本书可供从事磁流变液技术领域的科研人员、工程技术人员使用，也可作为高等院校机械工程、车辆工程、机器人工程等相关学科高年级本科生和研究生的参考用书。

图书在版编目（CIP）数据

磁流变液智能制动技术及其应用/王道明，訾斌，王亚坤著. —北京：机械工业出版社，2021.11（2024.1重印）
（智能制造与装备制造业转型升级丛书）
ISBN 978-7-111-68855-6

Ⅰ.①磁… Ⅱ.①王… ②訾… ③王… Ⅲ.①智能材料-制动器-研究 Ⅳ.①TH134

中国版本图书馆 CIP 数据核字（2021）第 155360 号

机械工业出版社（北京市百万庄大街22号　邮政编码100037）
策划编辑：李小平　责任编辑：李小平
责任校对：张　征　封面设计：马精明
责任印制：常天培
北京机工印刷厂有限公司印刷
2024 年 1 月第 1 版第 2 次印刷
169mm×239mm·14.75 印张·276 千字
标准书号：ISBN 978-7-111-68855-6
定价：89.00 元

电话服务　　　　　　　　网络服务
客服电话：010-88361066　机　工　官　网：www.cmpbook.com
　　　　　010-88379833　机　工　官　博：weibo.com/cmp1952
　　　　　010-68326294　金　书　网：www.golden-book.com
封底无防伪标均为盗版　机工教育服务网：www.cmpedu.com

前　言

近年来，智能材料技术得到了快速发展，其中如磁流变液、压电材料和形状记忆合金等在各种工程上得到了越来越广泛的应用。磁流变液作为一种新型磁智能流体材料，是由微米量级的软磁性颗粒均匀分散于基载液和添加剂中形成的一种特殊悬浮液。无磁场时表现为流动良好的液体状态，而在磁场作用下其黏度可在毫秒级时间内增加两个数量级以上，呈现出类似固体的力学特性，这种连续可控、响应迅速且可逆的液-固转换特性，称为磁流变效应。磁流变液巧妙地将固体粒子的强磁性和液体的流动性结合在一起，自诞生以来其潜力不断得到发挥，在建筑、汽车、康复医疗、机器人等领域具有广阔的应用前景，其应用形式主要有制动器、阻尼器、离合器、减震器和伺服阀等。

磁流变液制动技术是磁流变效应在制动领域的具体应用形式，它以调节电流为控制手段，具有连续可控、力矩/体积比大、动态响应快、控制简单且能耗低、工作部件磨损小等优点，在机电设备柔性制动、无级调速和刚度调节等方面具有广泛的应用前景。当前，针对磁流变液制动技术的相关研究主要集中于小扭矩、低滑差功率应用场合，如用于健身设备、虚拟现实、康复机器人、遥操作等领域。近年来，国内外学者也逐渐将其推向风机、带式输送机、车辆、电梯等大扭矩、高滑差功率应用场合。

本书着重介绍作者团队多年来在磁流变液制动器设计与优化、多物理场仿真分析、控制策略以及性能实验等方面的相关研究成果，并结合当前车辆电子化、智能化和集成化的发展需求，创新性地开展磁流变液制动技术在车辆线控制动和线控转向领域的应用研究。此外，以遥操作力反馈数据手套和康复训练机器人为例，介绍了磁流变液制动技术在机器人领域的具体应用，对于拓宽其应用范围具有重要的现实意义。

本书共分为10章，第1章绪论部分阐述了磁流变液及其制动技术的基本概念和发展现状，介绍了磁流变液制动器在车辆、机器人及其他工程领域的应用。第2章开展了小扭矩单盘式和大扭矩多盘式两种规格类型的磁流变液制动器的设计与优化，进行了制动力矩建模、磁场仿真、动态响应时间和瞬态温度场分析，在此基础上，对多盘式磁流变液制动器进行了多目标优化。第3章首先开展了磁流变液制动器电磁场仿真分析；其次以汽车处于不同制动模式为背景，对其进行热应力和热应变分析；最后对制动器内部散热管路进行了流场仿真。第 4 章分别提出了基于常规 PID 和基于遗传算法优化的 BP 神经网络 PID 的制动力稳定控制策略，并通过仿真和实验对比了两种控制策略的控制效果。第 5 章研制了磁流变液制动器综合性能测试平台，并对其空载输出特性、制动性能、输出制动力矩特性、温度特性、速度跟随特性以及散热特性进行了实验研究。第 6 章搭建了一种路面附着系数实时可调的车辆制动模拟试验台，开展了单一路面和对接路面条件下汽车制动模拟和防抱死制动仿真与实验研究。第 7 章研制了一款基于磁流变液制动器的汽车制动踏板感觉模拟器，对其进行仿真分析和实验研究。第 8 章分析了汽车转向反馈力矩来源，设计了基于磁流变液制动器的汽车线控转向路感模拟装置。第 9 章设计了一款磁流变力反馈数据手套，开展了抓握角度测量、反馈力稳定性和反馈力跟踪等实验。第 10 章根据人体手指耦合运动规律和康复训练需求，研制了一款可穿戴式手部主被动康复训练机器人。

　　本书相关研究得到了国家自然科学基金项目"智能柔性驱动机器人理论、技术与装备"（51925502）、"高滑差工况下磁流变液制动稳定性影响机理及调控方法研究"（52175047）、"磁流变离合器多场耦合调速机理及其精确控制研究"（51505114），安徽省自然科学基金项目"面向高速重载车辆的磁流变制动器最优制动力跟踪控制研究"（2008085ME140）、"磁流变离合器动力传递不稳定机理及其补偿控制研究"（1608085QE116），中国博士后科学基金特别资助项目"基于磁流变制动器的电动汽车制动系统优化与控制技术"（2016T90561）等的资助，作者在此表示衷心的感谢。同时，感谢合肥工业大学姚兰、庞佳伟、曹子祥、时育杰、王彪、熊焰、罗洋均、董涛、方时瑞等研究生对于本书相关研究内容做出的贡献，也感谢作者所在课题组全体老师的大力支持。

　　本书由合肥工业大学王道明副教授、訾斌教授和王亚坤博士撰写，全书由王道明副教授统稿。在本书撰写过程中，引用了一些国内外文献资料，在此向有关参考文献的作者表示感谢。

　　由于作者水平有限，书中难免存在不妥之处，恳请读者批评指正。

作者
2021 年 7 月于合肥

目　录

第1章 绪 论

1.1 磁流变液的基本概念与发展概述

磁流变液（Magnetorheological Fluids，MRF）是由微米量级的软磁性颗粒均匀分散于基载液中形成的一种特殊悬浮液，同时为保证颗粒能够长期可靠地悬浮于基载液中，需要加入适量的添加剂。在添加剂作用下，具有强磁性的颗粒能够稳定且均匀地分散于基载液中，从而形成一种既具有磁性、又具有流动性的两相多组分悬浮液，它将固体粒子的强磁性和液体的流动性巧妙地结合在一起，因而具有独特的磁流变性能[1]。作为一种新型磁功能流体材料，磁流变液的流变性能在磁场作用下具有连续可控、变化可逆、易于控制且控制能耗低等特点，自诞生以来其潜力不断得到发挥，在建筑、汽车、康复医疗、机器人等领域具有广阔的应用前景[2, 3]。

1.1.1 磁流变液的基本组成

磁流变液主要由软磁性颗粒、基载液和添加剂三部分组成。其中，软磁性颗粒作为磁流变液的悬浮相，主要决定了其磁学特性；基载液是软磁性颗粒的载体，用于分散悬浮相使其呈现出流体特性，它影响着磁流变液的流动性和稳定性；添加剂的种类众多，主要用于改善磁流变液的综合性能。

1. 软磁性颗粒

软磁性颗粒在磁场作用下产生磁极化，这是磁流变液实现固-液转换的关键，因此其物理化学性质直接影响着磁流变液的流变性能[4]。由磁流变效应的机理可知，通常要求选取高磁饱和强度、高磁导率、低矫顽力和较窄磁滞回线的软磁性材料，颗粒尺寸分布通常为 $0.01 \sim 100 \mu m$。常见的软磁性材料有 Fe、Co、Ni、Fe_3Al、Fe-Co 合金和 Ni-Fe 合金等[5]，其中，Fe-Co 合金和 Ni-Fe 合金微粒的磁学特性较为优良，其磁饱和强度高达 2.38T。

软磁性颗粒材料选取时通常考虑以下几个方面：①良好的磁性能，它是磁流变效应的核心；②较高的化学稳定性，即抗氧化能力强；③较高的物理稳定性，主要指温度稳定性和抗团聚能力，它与颗粒材料、密度、形状、尺寸有关[6]。表 1.1 所示为几种常见软磁性材料的磁饱和强度和居里温度。其中，材料的磁饱和强度均是在 20℃下测定的。

表 1.1　几种常见软磁性材料的磁饱和强度和居里温度[7]

软磁性材料	Fe	Co	Ni	Fe-Co 合金	羰基铁粉	Fe$_3$Al	Fe$_3$C
磁饱和强度/T	2.15	1.78	0.605	2.38	2.23	0.625	1.23
居里温度/℃	770	1331	484	970	775	500	213

目前常用于制备磁流变液的软磁性颗粒材料主要有纯铁粉和羰基铁粉（Carbon Iron Particle，CIP）[8, 9]。其中，羰基铁粉制作简单、价格便宜、纯度高、粒径细且分布范围窄，其应用更为广泛[10,11]。羰基铁粉的铁含量为 97% ~ 99%，粒度分布为 0.5 ~ 20μm，表面形貌通常为规则球形或不规则多边形，颗粒分散体积浓度可高达 50%。此外，它还具有居里温度高、导磁性强、矫顽力小、磁滞回线窄、易于磁化和退磁等优点。

2. 基载液

基载液是软磁性颗粒的载体，其作用是将颗粒均匀分散于磁流变液中，以保证磁流变液在零场下保持 Newton 流体特性，而在外加磁场作用下能产生抗剪应力，呈现出 Bingham 流体特性。基载液特性对于磁流变液的使用性能有着重要影响，通常情况下，要求基载液具有如下特点：

1）低凝固点和高沸点，以确保磁流变液具有较宽的工作温度范围。

2）适宜的黏度。使用低黏度的基载液可有效降低磁流变液的零场黏度，但若基载液黏度较低，磁流变液的沉降稳定性则变差[12]。

3）化学性能稳定、无毒无害、对人体无明显刺激作用且成本低、经济性好。

目前广泛使用的基载液是硅油，它是一种有机硅聚合物类产品，具有黏温系数小、工作温度范围宽、抗氧化能力强、绝缘性好、对金属无腐蚀且不易挥发等诸多优点。依据化学结构的不同，硅油一般可分为甲基硅油、苯基硅油、甲基氯苯基硅油和甲基乙烯基硅油等。其中尤以甲基硅油的应用最为广泛，它是一种无色透明的新型高分子合成材料，具有很宽黏度范围（5cP ~ 8×10^{6}cP$^{\ominus}$），室温下的形态从极易流动的液体到稠厚的半固态，倾点一般低于 -60℃，闪点通常为 200 ~ 300℃，热分解温度更是高达 400℃以上，因此可在 -50 ~ 180℃范围内长期使用[13]。

$\ominus$　1cP = 10^{-3}Pa·s。

3. 添加剂

为了改善磁流变液的综合性能，通常需加入适量添加剂，其含量较小（一般低于5%）。添加剂种类众多，按用途不同一般有表面活性剂、稳定剂和润滑剂等。

表面活性剂是一种由亲水基和亲油基两种结构组成的低聚物，其分子结构一端为亲油基，通常由非极性长链烃基组成，结构上差别较小；另一端则为亲水基，常为带电的离子基团和不带电的极性基团。如图1.1所示，表面活性剂亲水基一端通常吸附在软磁性颗粒表面，而亲油基一端则伸展在基载液中做热摆动，它可以有效防止颗粒的沉降，同时在一定程度上提高颗粒的极化能力。

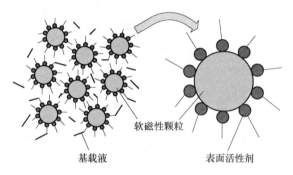

软磁性颗粒

基载液   表面活性剂

图 1.1 表面活性剂的工作原理

稳定剂能够在颗粒和基载液间形成一个亚粒子群，使得磁流变液处于凝胶状态，从而有效防止颗粒的凝聚，提高其沉降稳定性。

润滑剂主要用于改善颗粒间的润滑作用，减少悬浮相颗粒的凝聚黏结现象，提高其在基载液中分散的均匀性。

选取添加剂时需考虑以下两点：①既要与基载液具有很好的互溶性，又要与颗粒具有很强的亲和力，以保证磁流变液具有良好的沉降稳定性；②添加剂通常为有机物，其工作温度有限，温度过高时容易发生热分解，导致磁流变性能急剧下降，因此良好的温度稳定性也是衡量添加剂性能的重要指标之一。目前常用的添加剂有油酸、聚乙二醇、纳米硅酸镁锂及其他非离子添加剂等。

1.1.2 磁流变液的主要特性

1. 磁流变效应

磁流变效应是指磁流变液在外加磁场作用下，其表观黏度发生急剧变化；在中等磁场作用下，表观黏度能够增加两个数量级以上[14]；随着磁场强度的不断增大，流体逐渐失去流动性直至近似完全固化，然而一旦外加磁场撤除后，又能够迅速恢复到原先的自由流动状态[15, 16]。

磁流变效应的宏观表现如图1.2所示。磁流变液均匀分布在圆盘面上，线圈环绕在圆盘四周，无磁场作用时，圆盘上的磁流变液表现为自由流动状态；当线圈中通入较小电流时，在圆盘间形成中等磁场作用，此时磁流变液逐渐沿盘面径向凸起，颗粒沿磁场方向排列成链状结构；若进一步增大电流，圆盘间将产生强磁场作用，颗粒链间相互吸引形成更为稳定的柱状结构，表现为颗粒链变粗、表面硬度增大。

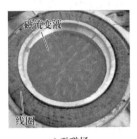  

a) 无磁场　　　　　　　　　　b) 中等磁场　　　　　　　　　　c) 强磁场

图1.2　磁流变效应的宏观表现

磁流变效应的微观机理可依照偶极矩理论来解释：在外加磁场作用下，弥散于磁流变液中的悬浮颗粒发生磁极化形成磁偶极子，具有偶极矩的颗粒相互吸引沿磁场方向排列成链；随着磁场的不断增强，单链数目逐渐增多，相邻单链间相互吸引集聚，从而形成具有更高屈服强度的网、柱状或更为复杂的团簇结构。这种微观结构的变化严重限制了磁流变液的自由流动，直接导致其表观黏度发生急剧变化，利用高速摄影显微成像系统观测磁流变效应的微观表现如图1.3所示。

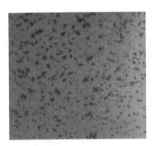 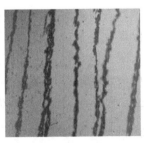 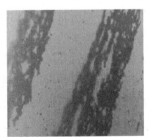

a) 自由分布(H=0)　　　　b) 链状结构(H=7.5mT)　　　　c) 网、柱状结构(H=15mT)

图1.3　磁流变效应的微观表现

无磁场作用时（$H=0$），磁流变液中的颗粒呈无规则自由分布；当施加外磁场作用后，颗粒发生磁极化，沿磁场方向排列，当外加磁场达到一定强度后（$H=7.5$mT），颗粒间的相互作用足以克服自身热运动而形成较为稳定的链状结构；随着外加磁场进一步增强到 $H=15\mathrm{mT}$ 时，磁流变液中颗粒团聚效果明显，颗粒链变粗，相邻单链间相互吸引形成更为稳定的网、柱状结构。

2. 磁流变液的本构模型

磁流变液的本构模型对于其制备以及磁流变液制动器件的设计和性能研究具有重要的指导意义。通常情况下，磁流变液的本构关系可通过宏观本构模型和微观分析模型两种方式来描述：其中宏观本构模型用于表征磁流变液在不同磁场强度和不同剪应变率下剪切应力的变化；微观分析模型则是基于磁性颗粒在外磁场作用下形成链、柱状微结构的事实，通过对微结构进行适当简化，便可得到磁流变液的剪切应力。

（1）宏观本构模型

作为一种典型的两相分散体悬浮液，在稳态剪切情况下，磁流变液的宏观流变行为可由 Bingham 黏塑性模型来描述[17, 18]，其本构方程为

$$\begin{cases} \tau = \tau_Y + \eta\dot{\gamma} & |\tau| > \tau_Y \\ \dot{\gamma} = 0 & |\tau| \leqslant \tau_Y \end{cases} \tag{1.1}$$

式中，τ 为磁流变液的剪切应力；τ_Y 为磁致屈服应力，它是与外加磁场强度有关的物理量；η 为磁流变液的动力黏度；$\dot{\gamma}$ 为磁流变液的剪切应变率。

由于 Bingham 模型无法描述磁流变液在前屈服阶段的剪切变稀或变稠现象，对其稍加修改，得到广义 Bingham 模型[19]，也称之为 Herschel-Bulkley 模型[20]，其本构方程为

$$\begin{cases} \tau = \tau_Y + \eta(\dot{\gamma})^f & |\tau| > \tau_Y \\ \dot{\gamma} = 0 & |\tau| \leqslant \tau_Y \end{cases} \tag{1.2}$$

式中，f 为磁流变液的流动系数，它反映的是磁流变液剪切变稀或变稠的程度。

当 $f>1$ 时，动力黏度随剪切应变率的增大而减小，出现剪切稀化现象；当 $f<1$ 时，动力黏度随剪切应变率的增大而增大，呈现剪切变稠现象。

（2）微观分析模型

磁流变液是一种偶极流体系统，其微结构形态主要有链状、柱状、条状和网状等[21]。这些微结构形态决定了磁流变液的宏观表现，采用微观分析模型能够很好地揭示磁流变液的力学机理，以弥补宏观本构模型存在的不足[22]。常见的微观分析模型有单链模型、结构模型和连续场模型三种。

1）单链模型假设磁场作用下的颗粒成一条条完整的单链排列，通过计算颗粒间的磁作用力得到单链的响应特性，再利用统计方法求得磁流变液的宏观屈服应力，它通常适用于颗粒体积分数较小且外加磁场强度不高的条件下。

2）当高浓度磁流变液处于高磁场作用下，单链间由于磁力作用相互吸引聚集，其微观结构呈链、柱状或更为复杂的形状，此时单链模型已不能很好地描

述磁流变效应。为此研究人员建立了更为准确的结构模型，典型的结构模型主要包括柱状结构、网状结构、层状结构、体心立方结构和面心立方结构等。

3）连续场模型将磁场作用下颗粒的微观结构看作是均匀的板状或者柱状连续体，通过求解连续体模型的作用力来求得磁流变液的剪切屈服应力。

（3）磁流变液的性能参数及影响因素

磁流变液的性能参数主要包括剪切屈服应力、工作温度范围、零场黏度和流变响应时间。这些参数是衡量磁流变液性能的重要指标，其优劣直接影响到磁流变液的使用寿命和应用范围。因此探讨磁流变液的材料性能及影响因素对于其制备及应用技术研究具有一定的指导意义。

1）剪切屈服应力

在制动应用领域，剪切屈服应力是衡量磁流变液性能的一项主要指标，它反映的是磁流变液在外加磁场作用下克服外界剪切作用所表现出的抗剪应力，其剪切应力-应变关系可由 Bingham 流体本构方程来表示为

$$\tau = kB^c + \eta\dot{\gamma} \tag{1.3}$$

式中，k，c 为与磁流变液材料相关的两个常数；B 为磁感应强度。

若颗粒达到完全磁饱和，在受到外界剪切作用时，磁流变液呈现出的抗剪应力即为其最大剪切屈服应力，它是衡量磁流变液性能的一项重要指标。Ginder 等[23]得到最大剪切屈服应力 τ_{max} 与颗粒饱和磁化强度 M_s 的二次方成正比，即

$$\tau_{max} = aM_s^2 \tag{1.4}$$

式中，a 为材料常数。

结合式（1.3）和式（1.4）可得，磁流变液的剪切屈服应力可表示为

$$\begin{cases} \tau = kB^c + \eta\dot{\gamma} & B < B_s \\ \tau = aM_s^2 & B \geqslant B_s \end{cases} \tag{1.5}$$

式中，B_s 为磁性颗粒的饱和磁感应强度。

由式（1.5）可得，磁流变液的剪切屈服应力主要与外加磁场强度、基载液动力黏度、颗粒饱和磁化强度等因素有关。

2）工作温度范围

工作温度范围是磁流变液另一项重要性能参数。当磁流变液工作温度超过其许用范围时，将导致其流变性能发生急剧变化，严重时会引发磁流变液材料失效，甚至完全丧失磁流变性能，严重影响磁流变液制动器件的正常使用。

通常情况下，用于配制磁流变液的软磁性颗粒的居里温度要高于 700℃，明显氧化温度也都大于 300℃[24]，因而在工作温度范围内颗粒磁特性变化不大。然而对于基载液和添加剂而言，由于其多为有机物，工作温度范围有限。其中，基载液的最高工作温度一般低于 200℃，温度过高会导致基载液蒸发甚至发生热

分解；而对于添加剂而言，有些在 100℃ 左右便出现分解，有些则在经历多次高、低温循环后，材料性能发生严重衰退，导致磁流变液出现不可逆稠化现象，造成磁流变性能的急剧下降。

3）零场黏度

磁流变液在无磁场作用时表现为 Newton 流体特性，此时呈现的黏度即为零场黏度，它用于表征磁流变液在流动时的内摩擦大小。以连续体力学的观点，磁流变液在流动时，由于颗粒的存在而引起内部摩擦力的增加，因而其零场黏度较基载液一般大很多。通常情况下，零场黏度随软磁性颗粒体积分数 ϕ 的增加而增大，在颗粒体积分数较小时，可用著名的 Einstein 方程来描述为

$$\eta = \eta_f(1+2.5\phi) \tag{1.6}$$

式中，η_f 为基载液黏度。

当颗粒体积分数较大时，零场黏度可由 Vand 公式来表示为[25]

$$\eta = \eta_f \cdot \exp\left[(2.5\phi+2.7\phi^2)/(1-0.609\phi)\right] \tag{1.7}$$

结合式（1.6）和式（1.7）可得，磁流变液零场黏度的影响因素主要有基载液黏度和颗粒体积分数。

4）流变响应时间

磁流变液发生流变的微观机理是颗粒间的相互作用。在磁场作用下，具有偶极矩的颗粒相互吸引，并克服自身热运动逐渐集聚直至沿磁场方向呈链状有序排列。当磁场较强或颗粒体积分数较大时，相邻单链间的相互作用使得单链逐渐变粗，形成网、柱状甚至更为复杂的结构，从颗粒由于磁场作用开始运动到磁流变液内部形成稳定结构，整个过程所需时间即为磁流变液的流变响应时间。

由磁流变液的流变机理可知，流变响应时间主要受基载液黏度、颗粒体积分数、外加磁场强度等因素影响。同时，它还与磁流变液的制备方法和各组分的材料性能息息相关，通常情况下磁流变液的流变响应时间较短，约为 $1\sim2\mathrm{ms}$[26]。

众所周知，一种性能优异的磁流变液应具有剪切屈服应力高、零场黏度低、工作温度范围宽和流变响应迅速等特点。而磁流变液的各项性能参数主要受其组分材料性能的影响，因此各组分材料的恰当选取对于提高磁流变液的综合性能显得尤为重要。

1.1.3 磁流变液的发展概述

美国学者 Rabinow 于 1948 年发现磁流变液，1951 年申请了磁流变液传动技术相关专利[27]。但之后主要研究方向集中于电流变液等智能材料，直至 20 世纪80 年代科研人员重新投入对磁流变液材料的研究，20 世纪 90 年代起它成为了一

种被深入研究的新型智能材料。近年来，磁流变液技术得到了快速的发展和广泛的应用，包括磁流变液阻尼器、磁流变抛光、磁流变液阀、磁流变液制动器、柔性卡具、建筑和桥梁的减震器[28, 29]，如图 1.4 所示。

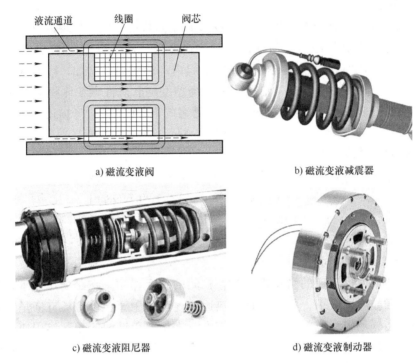

a) 磁流变液阀   b) 磁流变液减震器

c) 磁流变液阻尼器   d) 磁流变液制动器

图 1.4　磁流变液的主要应用形式

实际工程应用中，磁流变液的工作模式主要有阀模式、剪切模式和挤压模式，如图 1.5 所示。

1）阀模式。如图 1.5a 所示，在外界压力作用下，磁流变液在一对相对静止的平板磁极间运动，磁场垂直于平板并穿过工作间隙中的磁流变液。通过控制磁场强度来改变磁流变液的黏度，从而调节为磁流变液施加压力的结构所受到的阻力大小，达到控制输出阻尼的目的。这种工作模式通常被用来设计磁流变液控制阀、制动器和减震器等。

2）剪切模式。图 1.5b 中，磁流变液置于相对运动的两平板之间，两平板做平行于磁流变液流动方向的相对移动或转动，从而带动磁流变液作剪切运动，磁场方向垂直于两平板相对运动方向。该工作模式下，调节磁场强度可以改变磁流变液的应力-应变特性，实现对其剪切阻尼力的调节与控制。工程应用中，通常利用该模式制成离合器、制动器等。

3）挤压模式。如图 1.5c 所示，磁流变液同样置于相对运动的平板之间，但两平板的相对运动方向与磁场方向相同或相反，磁流变液受到挤压力作用而流动，其流动方向垂直于磁场方向，从而改变了推动平板相对运动的活塞所受阻尼力的大小。该模式下平板间的相对运动位移只需达到毫米级，便可以产生很大的阻尼力，在工程中一般被用来研制振幅较小、阻尼力较大的阻尼器。

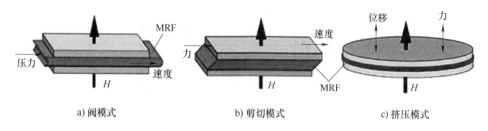

a) 阀模式　　　　　　　b) 剪切模式　　　　　　　c) 挤压模式

图 1.5　磁流变液常见的工作模式

1. 磁流变液阻尼器

磁流变液阻尼器是一种阻尼力连续可调的新型装置，具有控制能耗低、工作电压低、响应快、使用安全等优良特性，又因其结构轻巧可适用于机器人等小型设备中[30,31]。磁流变阻尼器按照结构形式不同可分为圆盘式和活塞式两种[32]，主要应用于振动控制场合，如桥梁、车辆、工程机械等，其中美国 Lord 公司、Ford 公司、马里兰大学的技术已经比较成熟。美国 Lord 公司是国际上最大的磁流变液产品生产厂商，已有多种类型的磁流变阻尼器在市场上销售。

图 1.6 所示为 LORD RD-8040-1 系列磁流变阻尼器，适用于工业悬架，通过改变磁场强度来控制磁流变液的屈服应力，从而得到连续、可控的阻尼力[33]。

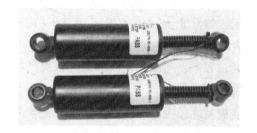

图 1.6　LORD RD-8040-1 系列磁流变阻尼器

国内对于磁流变阻尼器的研究起步较晚，但近年来各高校的研究同样取得了一定的成果。南京航空航天大学针对常规阻尼器存在的缺点，设计了一种如图 1.7 所示的挤压式半主动磁流变阻尼器，对其进行结构和磁路设计以及阻尼力数学模型建立，并测试了实验样机的性能[34]。华东交通大学胡国良等人针对车用半主动式磁流变减振悬架系统中的因磁流变阻尼器与传感器分离式装配带来的空间利用率低、精度差和抗干扰性差等问题，设计了一种位移差动自感式磁流变液阻尼器，采用内、外双线圈产生感应电压的方式来控制励磁电流，利用线圈之间的差动构建模型，并搭建试验台进行测试，结果表明磁流变阻尼器的位移与自感应电压呈线性关系[35]。

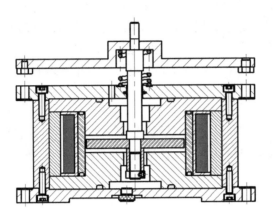

图 1.7 挤压式半主动磁流变阻尼器

2. 磁流变抛光

磁流变抛光通过超强磁场作用提高磁流变液的剪切屈服强度及其流变特性等物理属性，完成零件表面的高精度、高效率和无损伤加工。它耦合了流体力学、电磁学、流变学、化学等多门学科理论，是对传统机械加工的一种拓展，对现代制造技术的发展具有重要意义[36, 37]。磁流变抛光工作原理如图1.8所示，待抛光工件放置于运动盘上方，两者之间的间隙内充满磁流变液。工件抛光过程中，向磁流变液施加高强度的梯度磁场，致使磁流变液从 Newton 流

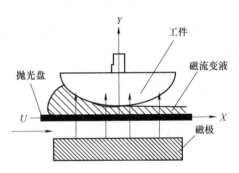

图 1.8 磁流变抛光工作原理图

体变成黏度较大的 Bingham 流体，磁流变抛光液中的磁敏粉粒沿着磁场分布线形成链状结构，磨料会依附在铁粉链状结构表面，从而具有强剪切力，在工件运动过程中，通过流体动压剪切实现工件表面的材料去除，实现柔性抛光。

日本秋田县立大学[38, 39]采用磁性复合流体抛光轮进行抛光加工，能够提高抛光效率，降低表面粗糙度，提高工件的表面加工质量。广东工业大学阎秋生等[40]提出集群磁流变抛光技术，其工作原理如图1.9所示，将永磁体均匀地嵌入到绝磁材料制成的抛光盘中，磁流变抛光液中的磁性磨料会在磁场作用下形成抛光垫层，根据集群效应，在每个磁极处形成研磨液堆积突起，由此形成抛光微磨头，随着工件主轴的转动，工件与微磨头之间发生剪切，从而实现表面材料去除。

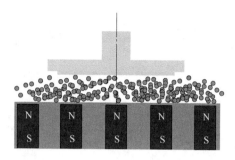

图 1.9 集群磁流变抛光工作原理

1.2 磁流变液制动器的研究概述

磁流变液制动器是磁流变效应在制动领域的具体应用，它以磁流变液为工作介质，依靠制动界面间磁流变液的剪切屈服应力来产生制动力，通过控制外加磁场强度来连续改变剪切屈服应力，从而实现制动力的无级调节，具有反应迅速可逆、控制简单且能耗低、抗干扰能力强等特点[41]。

1. 活塞式磁流变液制动器

活塞式磁流变液制动器是一种半主动装置，可以通过磁场进行控制。主要包括活塞杆、缸筒、励磁线圈、端盖等部分，磁流变液填充于活塞杆和缸筒所形成的环形工作间隙内，施加磁场后，磁流变液发生磁流变效应，此时当活塞杆在缸筒内运动时，磁流变液从缸筒和活塞杆之间的间隙通过，既有阀式流动，又受到缸筒和活塞杆上下板的剪切作用，从而产生可控阻力矩[42]。

2. 旋转式磁流变液制动器

旋转式磁流变液制动器是可以降低浸入磁流变液的转轴角速度的设备，大部分的旋转式磁流变液制动装置是由剪切盘、外壳、励磁线圈、隔磁环、转轴和磁流变液等零部件组成，具体如图 1.10 所示。其中磁流变液分布在剪切盘和外壳的间隙中，可通过调整励磁线圈的输入电流大小，进而控制磁流变液制动器的输出阻尼力矩，具有功耗低、性能平稳的优点。因此，其磁流变液间隙和工作速度是设计约束的重要组成部分。

旋转式磁流变液制动器产生的黏滞阻力相对于活塞式磁流变液制动器受速度的影响较小；此外活塞式磁流变液制动器在实际应用中，必须保证缸筒内的工作间隙充满磁流变液，不留空气间隙，因为在密封效果良好的情况下，如果留下空气间隙会导致活塞杆产生非常大的零场阻力，但在实际使用过程中，磁流变液往往很难完全充满缸筒。因此，综合上述因素，磁流变液制动器一般设置为旋转式。

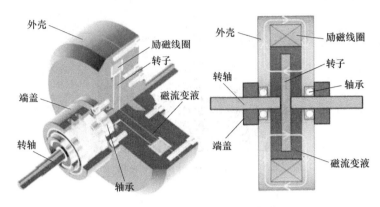

图 1.10　旋转式磁流变液制动器

1.2.1　工作原理

如图 1.11 所示，旋转式磁流变液制动器主要有圆盘式、圆柱式和圆筒式三种结构形式。圆盘式结构简单、反应速度快，输出端转动惯量小，控制精度高，但磁流变液分布易受离心力影响，动力稳定性相对较差；圆柱式结构简单，磁流变液分布较为均匀，离心力作用小，性能稳定，但尺寸较大、响应慢；圆筒式在半径方向为双层间隙，传递扭矩较大，但结构复杂，安装加工不便。此外，为了提高圆盘式磁流变液制动器的输出力矩，减小制动器的整体尺寸，同时能够有效分散摩擦热量以减轻散热方面的压力，进而开发了如图 1.11d 所示的多盘式磁流变液制动器。

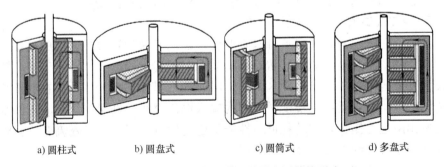

a) 圆柱式　　　　b) 圆盘式　　　　c) 圆筒式　　　　d) 多盘式

图 1.11　旋转式磁流变液制动器主要结构形式

以单盘式磁流变液制动器为分析对象，其基本结构如图 1.12 所示，主要由剪切盘、外壳、转轴、隔磁环、励磁线圈、磁流变液和磁路通道等部分组成。磁流变液充满于由外壳、剪切盘和轴包围形成的间隙中，制动器工作区域的形状是由剪切盘的内、外径包围的圆环，圆环的两个剪切面均与转轴垂直。励磁线圈不通电时，只有磁流变液的黏滞阻尼产生较小的阻尼力矩，此时磁流变液制动器处于非工作状态；当励磁线圈通电后，磁流变液发生磁流变效应，磁性颗粒呈链状分布并垂直于剪切盘，以此产生较大的阻尼力矩[43]。

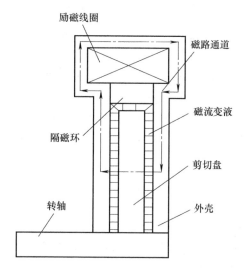

图 1.12　单盘式磁流变液制动器结构原理图

图1.13为剪切盘局部示意图，在剪切作用区域半径 r 处，剪切应变率 $\dot{\gamma}$ 的表达式为

$$\dot{\gamma} = \frac{r\omega}{h} \tag{1.8}$$

式中，ω 为角速度；h 为工作间隙宽度。

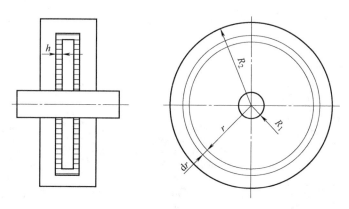

图 1.13　剪切盘局部示意图

采用微元法分析得到磁场作用下剪切盘单面产生的制动力矩 T_0 为

$$T_0 = 2\pi \int_{R_1}^{R_2} (\tau_Y + \eta\dot{\gamma}) r^2 \mathrm{d}r = \frac{2}{3}\pi\tau_Y (R_2^3 - R_1^3) + \frac{\pi\eta\omega(R_2^4 - R_1^4)}{2h} \tag{1.9}$$

式中，R_2、R_1 分别为剪切盘有效工作外半径和内半径。

则单盘式磁流变液制动器产生的总制动力矩 T_{all} 为

$$T_{all} = T_B + T_\eta = \frac{4}{3}\pi\tau_Y(R_2^3 - R_1^3) + \frac{\pi\eta\omega(R_2^4 - R_1^4)}{h} \tag{1.10}$$

由式（1.10）可知，总制动力矩由两部分构成：第一部分 T_B 是由随磁场强度变化的磁致剪切应力所提供，这部分可通过励磁线圈电流进行控制，是制动力矩的主要组成部分；第二部分 T_η 是磁流变液的黏滞力矩，是制动力矩中不可控的部分，其实际大小受制动器结构尺寸和磁流变液材料参数影响。

1.2.2 磁流变液制动器的研究现状

1. 结构设计与优化

近年来，随着磁流变液制备技术的发展，磁流变液的材料性能不断提高，在制动领域的应用也得到越来越广泛的关注，国外科研人员较早开展这方面的研究工作，目前已经开发设计了多款磁流变液制动器，部分产品已经投入商业化市场。

美国 Lord 公司 Carlson[44] 研制出 MRB-2107 型磁流变液制动器，这是首个问世的商用磁流变液产品。如图 1.14 所示，该制动器采用单盘式，外径为 92mm，能够提供 0~7N·m 范围内的可控转矩，最大控制功率仅 10W。日本大阪大学 Kikuchi 等[45,46] 设计了一种微间隙磁流变液制动器，如图 1.15 所示，该制动器采用多盘式，拥有 9 对主、从动圆盘，其最大制动转矩为 6N·m，响应时间为 20ms。

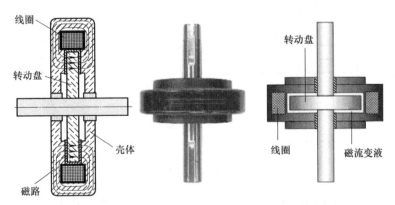

图 1.14　MRB-2107 型磁流变液制动器

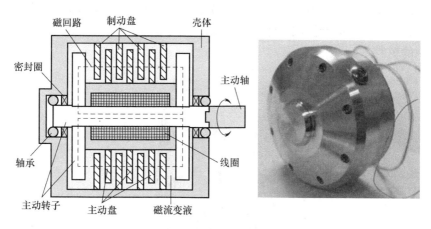

图 1.15 微间隙磁流变液制动器

印度理工学院 Sukhwani 等[47]设计了一种采用旁置式线圈和外绕线圈相结合的多线圈磁流变液制动器，如图 1.16 所示，实验表明该布置方式可有效提升制动力矩。加拿大 Park 等[48]提出了一种基于模拟退火和有限元模拟相结合的双盘式磁流变液制动器优化设计方法，以最小化质量、最大化制动力矩为优化目标，采用线性加权法构建衡量优化结果的单目标函数。加拿大 Shamieh 等[49]针对双盘式磁流变液制动器，建立了最小动态响应时间、最小化重量、最大化剪切力矩动态范围

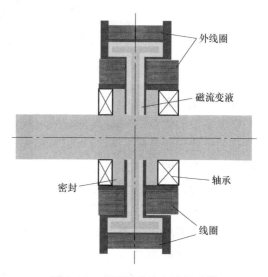

图 1.16 多线圈磁流变液制动器

为目标的优化设计模型，运用遗传算法和二次规划序列法进行优化求解。越南 Thang 等[50]以最大化制动力矩和最小化质量为设计目标，运用精英非主导排序遗传算法（NSGA_II）和结合有限元分析的鲁棒多目标优化方法对磁流变液制动器进行结构优化。印度 Acharya 等[51]针对 T 型磁流变液制动器，以最大化转矩比和最小化制动器重量为目标，充分考虑了制动器半径、转子厚度、外壳厚度、线圈高度和宽度等因素，采用多目标遗传优化算法进行优化设计。杭州电子科技大学喻军[52]运用 ANSYS 对磁流变液制动器进行了多目标优化设计，并对优化后的制动器进行制动性能测试，结果表明：所提出的优化方法具有一定的合理

性。香港中文大学 Guo 等[53]研制了一种新型多功能磁流变液制动器，如图 1.17 所示，把电机和制动器做成一体，结构紧凑，功率为 100W，可广泛适用于空间受限制的场所。

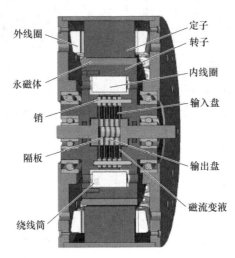

外线圈　定子　转子　永磁体　内线圈　销　输入盘　隔板　输出盘　磁流变液　绕线筒

图 1.17　多功能磁流变液制动器

2. 控制方法研究

磁流变液的优点之一是其良好的可控性，然而，在实际工作过程中会因一些外部的干扰导致其输出制动力矩不稳定。目前国内外学者针对磁流变阻尼器和磁流变离合器的控制方法开展了大量研究[54-56]，而对磁流变液制动器的输出制动力矩的控制研究较少。

意大利 Russo 等[57]提出了一种基于扭矩的自适应反馈控制方法，用于弥补磁流变液制动器输出制动力矩实测值与理论值之间的差距，并通过实验验证了所提出控制方法的有效性。加拿大 Li 等[58]提出了一种基于现场可编程门阵列（Field Programmable Gate Array，FPGA）的闭环反馈控制策略，并通过实验验证了该控制策略能够保证磁流变液制动器的输出制动力矩准确跟踪目标力矩，如图 1.18 所示。韩国 Kim 等[59]针对磁流变液制动器制动力矩的控制问题，分别提出了开环和闭环 PID 两种控制方法，并进行了对比试验，结果表明：闭环 PID 控制更有利于制动器维持良好的制动力矩输出特性。韩国 Sohn 等[60]提出了基于模糊算法的 PID 控制策略，用于磁流变液制动器的扭矩跟踪控制，并通过实验评估所提算法的控制性能，如图 1.19 所示。加拿大 Shamieh 等[61]提出了一种常规 PID 控制策略，其主要作用是通过常规 PID 控制器调节磁流变液制动器的励磁线圈控制电流值以改善车辆在不同道路下的滑移现象。苏州市职业大学任芸丹等[62]提出了一种基于神经网络的自适应控制策略，并对某款车型进行了仿真，验证其良好的控制性能。中国矿业大学史耀[63]基于果蝇算法原理提出了改进果蝇优化 PID 控制策略对磁流变液制动器的制动力矩进行控制,并验证了其具有良好的控制效果。

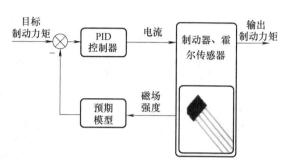

图 1.18 基于 FPGA 的闭环控制

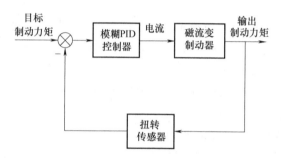

图 1.19 基于模糊算法的 PID 控制

1.3 磁流变液制动器的应用概述

1.3.1 磁流变液制动器在车辆领域的应用

制动系统是车辆的重要组成部分,其性能优劣对于车辆安全驾驶极其重要。目前,国内大部分中小型汽车采用的是如图 1.20 所示的液压制动系统,由于其制动执行器仍采用机械摩擦式,在实际应用中存在动作滞后、制动效能低以及制动时车辆方向不稳定等问题[64]。同时,防抱死制动系统(Anti-lock Braking System,ABS)已经成为汽车上重要的主动安全系统,其主要用于防止车轮抱死打滑出现事故[65,66]。然而,液压制动系统是通过间断调整液压管路内部压力来防止车轮抱死,车轮的响应是不连续的且难以及时响应路面附着力的变化。因此,未来电动汽车的制动系统急需一种结构紧凑、适用于线控方式且控制性能更为出色的解决方案。

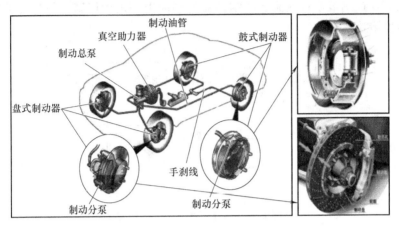

图 1.20 汽车液压制动系统

考虑到磁流变效应具有迅速可逆、响应快、控制简单且能耗低等突出优点，将磁流变液制动器应用于汽车制动系统可以缩短制动距离、提高制动灵敏性；同时，磁流变液制动器适用于线控方式，能够快速响应地面附着条件变化，实现无脉动的 ABS 制动，并且可以和其他电子控制系统（如 ESP、TCS 等）无缝结合，实现协同控制[67]。加拿大 Assadsangabi 等[68]根据汽车制动系统需求，通过遗传算法和有限元法对磁流变液制动器进行优化设计，结果表明：优化后制动器的制动力矩有所提升，但仍小于汽车实际制动时所需值。韩国 Sohn 等[69]针对中型摩托车设计了一款盘式磁流变液制动器，并搭建了图 1.21 所示的测试平台研究了其输出制动力矩、响应时间和温度特性等，结果表明：所设计磁流变液制动器对于中型摩托车具有较好的适用性。加

图 1.21 车用磁流变液制动器测试平台

拿大维多利亚大学 Park 等[70,71]基于磁流变液制动器进行了汽车线控制动研究，开展了汽车防抱死制动的滑膜变结构控制仿真。清华大学马良旭[72]为了提升车用磁流变液制动器的制动性能，提出了其整体磁场设计方法，并设计了相应控制算法和系统协调控制策略，可以有效降低制动时间。清华大学于良耀等[73]结合楔块增力机构和磁流变液制动器，研制出一种具备自供能和自驱动功能的车辆线控动系统，通过实验测得：仅需 30W 左右的控制功率便可产生 315N·m

的制动力矩，而发电机产生的电能可用于再生制动。

1.3.2 磁流变液制动器在机器人领域的应用

磁流变液制动器在机器人领域也得到了较为广泛的应用。以力反馈机器人为例，目前常用的具有力反馈功能的数据手套大都为使用直流电机或气动人工肌肉作为力反馈装置的主动式力反馈数据手套[74]，但其存在一些缺点，比如接触硬度较高物体时，需要力反馈装置在较短时间产生较大力矩，这会造成直流电机体积过大，严重影响操作者的临场感。由于磁流变液制动器具有力矩/重量比高、结构轻巧、能耗低、响应快及使用安全等优良特性，以其作为数据手套的被动式力反馈装置，在产生相同反馈力时，重量更加轻便，并且可以有效避免操作失误或系统出错对操作者造成的伤害[75]。

美国华盛顿州立大学 Blake 等[76]研制了一款基于磁流变液制动器的数据手套 MR。如图 1.22a 所示，该数据手套的拇指、食指和中指分别由两个磁流变液制动器为每个手指提供最大 12N 的阻尼力，并可将各个手指的实时运动信息传输给患者。美国罗格斯大学 Winter 等[77]研制了一款如图 1.22b 所示的穿戴式力反馈数据手套 MRAGES，通过设计新颖的外骨骼传动系统，并配置磁流变液制动器为人体关节锻炼和康复提供阻尼力，整个装置重量只有 160g。韩国釜山大学 Nam 等[78]研制了一种包含五个微型磁流变液制动器的"智能手套"，可以在任意虚拟环境、操作对象下为用户提供触觉反馈，通过指尖与执行器之间的新型柔性连杆传动机构，可将指尖的力位信息准确有效传递给操作者。东南大学 Qin 等[79]搭建了如图 1.23 所示的 6 自由度交互触觉反馈器，可为拇指、食指和中指提供大于 95° 的工作空间，通过设计多个多盘式磁流变液制动器，单个制动器可提供最大 480N·m 的反馈力矩。

a) MR　　　　　　　　　　　　b) MRAGES

图 1.22　基于磁流变液制动器的力反馈数据手套

当前国内外学者也将磁流变液制动器应用于医疗康复机器人领域。东北大学 Xie 等[80]设计了一款基于磁流变液制动器的智能仿生膝关节（见图 1.24），采用四杆机构的驱动方式，与人体有着良好的匹配性，具有主动关节和被动关节的特点。东南大学霍耀璞等[81]研制了一种具有力反馈效果的手指康复训练装置，设计了一款多片式磁流变液制动器为手指提供反馈力，该手指康复训练装置包括被动训练、交互训练等在内的多种训练模式，通过实验验证了其具有良好的可靠性、稳定性和舒适度。芬兰阿尔托大学Kostamo等[82]设计了一种基于磁流变液制动器的柔性四足步行机器人，机器人腿部采用模块化设计理念，包含一个线性弹簧和一个磁流变液制动器，通过实时控制磁流变液制动器的阻尼力可有效改善脚与地面之间的作用力，以提高机器人的可控性和稳定性。

 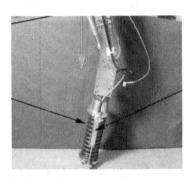

图1.23　6自由度交互触觉反馈器　　　　图1.24　智能仿生膝关节

1.3.3　磁流变液制动器在其他领域的应用

磁流变液制动器作为一种半主动控制装置，因其连续可控的阻尼力输出在机器人关节、汽车悬架和感觉模拟器等方面也得到了应用。重庆大学Dong等[83]将旋转式磁流变液制动器应用于机器人柔性关节，通过实验发现其可以一定程度上降低机器人的接触力峰值，提高其运动适应能力。印度理工学院Desai等[84]研究了以阀模式工作的双管式磁流变液制动器在SUV半主动悬架系统中的应用，如图1.25所示，通过搭建1/4汽车试验台测试表明所提出的控制方法只需单个传感器即可实现平顺的减震控制。韩国仁荷大学Kim等[85]提出了一种新型的磁流变液制动器，其在汽车悬架系统低速和高速下均能提供理想的阻尼力，从而实现悬架系统实际运行中较高的平顺性和转向稳定性。韩国亚洲汽车大学Han等[86]将磁流变液制动器的力矩特性与加速踏板相结合，研制了如图1.26所示的磁流变加速踏板提示装置，能够输出最优换挡力给驾驶人员，从而实现踏板感觉的主动式调节，具有较好的应用价值。宁波大学胡利永等[87]研发了一种基于磁流变液制动器的线控转向实验系统，实验表明该系统适用于小角度的汽车线控转向。

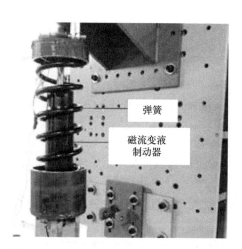

图 1.25 双管式磁流变液制动器悬架系统

图 1.26 磁流变加速踏板提示装置

参 考 文 献

［1］ 洪若瑜. 磁性纳米粒和磁性流体制备与应用 ［M］. 北京：化学工业出版社，2009.

［2］ 李建，赵保刚. 磁性液体——基础与应用 ［M］. 重庆：西南师范大学出版社，2002.

［3］ 李德才. 磁性液体理论及应用 ［M］. 北京：科学出版社，2003.

［4］ 王大坤. 羰基铁粉磁流变液特性及其初步应用研究 ［D］. 重庆：重庆大学，2007.

［5］ 浦鸿汀，蒋峰景. 磁流变液材料的研究进展和应用前景 ［J］. 化工进展，2005，24（2）：132-136.

［6］ YILDIRIM G，GENC S. Experimental study on heat transfer of the magnetorheological fluids ［J］. Smart Materials and Structures，2013，22（8）：085001.

［7］ JANG K I，SEOK J，MIN B K，et al. Behavioral model for magnetorheological fluid under a magnetic field using Lekner summation method ［J］. Journal of Magnetism and Magnetic Materials，2009，321（9）：1167-1176.

［8］ 赵素玲，苏良碧，官建国，等. 羰基铁粒子的制备与表征 ［J］. 武汉理工大学学报，2004，26（2）：7-10.

［9］ 刘奇，唐龙，张平. 实用型磁流变体材料研究 ［J］. 功能材料，2004，35（3）：291-292.

［10］ 聂俊辉，李一，贾成厂，等. 羰基金属复合材料的研究与应用 ［J］. 粉末冶金工业，2008，18（2）：46-53.

［11］ ASHOUR O，ROGERS C A，KORDONSKY W. Magnetorheological fluids：materials，characterization，and devices ［J］. Journal of Intelligent Material Systems and Structures，1996，7

（2）：123-130.

[12] 关新春，欧进萍. 磁流变液组分选择原则及其机理探讨 [J]. 化学物理学报，2001，14 （5）：592-596.

[13] 唐俊杰. 合成润滑油基础知识讲座之三 [J]. 润滑油，2000，15 （1）：60-64.

[14] WANG D M, HOU Y F, TIAN Z Z. A novel high-torque magnetorheological brake with a water cooling method for heat dissipation [J]. Smart Materials and Structures, 2013, 22 （2）：025019.

[15] WANG D, HOU Y. Design and experimental evaluation of a multidisk magnetorheological fluid actuator [J]. Journal of Intelligent Material Systems and Structures, 2013, 24 （5）：640-650.

[16] 司鹊，彭向和. 磁流变材料的流变性能研究 [J]. 材料科学与工程，2002，20 （1）：61-63.

[17] 龚兴龙，李辉，张培强. 磁流变液的制备、机理和应用 [J]. 中国科技大学学报，2006，1：23-27.

[18] WERELEY N M, Pang L. Nondimensional analysis of semi-active electrorheological and magnetorheological dampers using approximate parallel plate models [J]. Smart Materials and Structures, 1998, 7 （5）：732-743.

[19] WANG X, GORDANINEJAD F. Flow analysis of field-controllable, electro-and magnetorheological fluids using Herschel-Bulkley model [J]. Journal of Intelligent Material Systems and Structures, 1999, 10 （8）：601-608.

[20] LEE D Y, WERELEY N M. Analysis of electro- and magneto-rheological flow mode dampers using Herschel-Bulkley model [J]. Proceedings of SPIE-The International Society for Optical Engineering, 2000, 3989：244-255.

[21] ZHU Y, GROSS M, LIU J. Nucleation theory of structure evolution in magnetorheological fluid [J]. Journal of Intelligent Material Systems and Structures, 1996, 7 （5）：594-598.

[22] 李海涛，彭向和，何国田. 磁流变液机理及行为描述的理论研究现状 [J]. 材料导报，2010，24 （3）：121-124.

[23] GINDER J M, DAVIS L C. Shear stresses in magnetorheological fluids：role of magnetic saturation [J]. Applied Physics Letters, 1994, 65 （26）：3410-3412.

[24] 唐龙，岳恩，罗顺安，等. 磁流变液温度特性研究 [J]. 功能材料，2011，42 （6）：1065-1067.

[25] 王安蓉，许刚，舒纯军. 磁性液体及其应用 [M]. 成都：西南交通大学出版社，2010.

[26] JEON D, PARK C, PARK K. Vibration suppression by controlling an MR damper [J]. International Journal of Modern Physics B, 1999, 13 （14-16）：2221-2228.

[27] RABINOW JACOB. The magnetic fluid clutch [J]. Electrical Engineering, 1951, 67 （12）：1167-1167.

[28] 刘新华. 磁流变液传动技术 [M]. 北京：科学出版社，2015.

[29] 曾亿山，王道明，高文智. 磁流变传动的研究现状、发展趋势及关键技术 [J]. 液压与

气动, 2016 (8): 1-9.

[30] LIJESH K P, KUMAR D, GANGADHARAN K V. Design of magneto-rheological brake for optimum dimension [J]. Journal of the Brazilian Society of Mechanical Sciences & Engineering, 2018, 40 (3): 161.

[31] SUN S, YANG J, LI W, et al. Development of a novel variable stiffness and damping magnetorheological fluid damper [J]. Smart Materials and Structures, 2015, 24 (8): 085021.

[32] RAJU AHAMED, SEUNG-BOK CHOI, MD MEFTAHUL FERDAUS. A state of art on magneto-rheological materials and their potential applications [J]. Journal of Intelligent Material Systems and Structures, 2018, 29 (10): 2051-2095.

[33] WANG D, WANG Y, ZI B, et al. Development of an active and passive finger rehabilitation robot using pneumatic muscle and magnetorheological damper [J]. Mechanism and Machine Theory, 2020, 147: 103762.

[34] 刘松. 磁流变阻尼器的研究及其应用 [D]. 南京: 南京航空航天大学, 2015.

[35] 胡国良, 刘丰硕, 刘浩. 位移差动自感式磁流变阻尼器设计与试验 [J]. 农业机械学报, 2017, 48 (11): 383-389+397.

[36] 王嘉琪, 肖强. 磁流变抛光技术的研究进展 [J]. 表面技术, 2019, 48 (10): 329-340.

[37] 康桂文. 磁流变抛光技术的研究现状及其发展 [J]. 机床与液压, 2008 (3): 173-175+182.

[38] SATO T, WU Y B, LIN W M, et al. Study of three-dimensional polishing using magnetic compound fluid (MCF) [J]. Advanced Materials Research, 2009, 76-78: 288-293.

[39] GUO H R, WU Y B, LI Y G, et al. Technical performance of zirconia-coated carbonyl-iron-particles based magnetic compound fluid slurry in ultrafine polishing of PMMA [J]. Key Engineering Materials, 2012: 523-524.

[40] 阎秋生, 汤爱军, 路家斌, 等. 集群磁流变效应微磨头平面研抛加工参数研究 [J]. 金刚石与磨料磨具工程, 2008 (5): 66-70.

[41] EROL O, GONENC B, SENKAL D, et al. Magnetic induction control with embedded sensor for elimination of hysteresis in magnetorheological brakes [J]. Journal of Intelligent Material Systems and Structures, 2012, 23 (4): 427-440.

[42] GAO F, LIU Y, LIAO W. Optimal design of a magnetorheological damper used in smart prosthetic knees [J]. Smart Materials and Structures, 2017, 26 (3): 035034.

[43] MA H, CHEN B, QIN L, et al. Design and testing of a regenerative magnetorheological actuator for assistive knee braces [J]. Smart Materials and Structures, 2017, 26 (3): 035013.

[44] CARLSON J D. Magnetorheological fluid actuators [C]. Adaptronics and Smart Structures: Basics, Materials, Design and Applications, 1999: 180-195.

[45] KIKUCHI T, IKEDA K, OTSUKI K, et al. Compact MR fluid clutch device for human-friendly actuator [J]. Journal of Physics: Conference Series, 2009, 149 (1): 012059.

[46] KIKUCHI T, OTSUKI K, FURUSHO J, et al. Development of a compact magnetorheological fluid clutch for human-friendly actuator [J]. Advanced Robotics, 2010, 24 (10):

1489-1502.

[47] SUKHWANI V K, HIRANI H. Design, development, and performance evaluation of high-speed magnetorheological brakes [J]. Proceedings of the Institution of Mechanical Engineers, Part L: Journal of Materials: Design and Applications, 2008, 222 (1): 73-82.

[48] PARK E J, STOIKOV D, FALCAO DA LUZ L, et al. A performance evaluation of an automotive magnetorheological brake design with a sliding mode controller [J]. Mechatronics, 2006, 16 (7): 405-416.

[49] ASSADSANGABI B, DANESHMAND F, VAHDATI N, et al. Optimization and design of disk-type MR brakes [J]. International Journal of Automotive Technology, 2011, 12 (6): 921-932.

[50] THANG LE-DUC, VINH HO-HUU, HUNG NGUYEN-QUOC. Multi-objective optimal design of magnetorheological brakes for motorcycling application considering thermal effect in working process [J]. Smart Materials and Structures, 2018, 27 (7): 075060.

[51] ACHARYA S, SAINI T R S, KUMAR H. Optimal design and analyses of T-shaped rotor magnetorheological brake [J]. IOP Conference Series: Materials Science and Engineering, 2019, 73 (1): 012024.

[52] 喻军. 磁流变制动器多领域仿真优化设计及研制 [D]. 杭州: 杭州电子科技大学, 2014.

[53] GUO H T, LIAO W H. A novel multifunctional rotary actuator with magnetorheological fluid [J]. Smart Materials and Structures, 2012, 21 (6): 065012.

[54] 邓永瑞. 车辆随车发电用磁流变液离合器的研究 [D]. 徐州: 中国矿业大学, 2019.

[55] AGGUMUS H, CETIN S. Experimental investigation of semiactive robust control for structures with magnetorheological dampers [J]. Journal of Low Frequency Noise Vibration and Active Control, 2018, 37 (2): 216-234.

[56] ANDRADE R M, BENTO FILHO A, VIMIEIRO C B S, et al. Optimal design and torque control of an active magnetorheological prosthetic knee [J]. Smart Materials and Structures, 2018, 27 (10): 105031.

[57] RUSSO R, TERZO M. Design of an adaptive control for a magnetorheological fluid brake with model parameters depending on temperature and speed [J]. Smart Materials and Structures, 2011, 20 (11): 115003.

[58] LI W, YADMELLAT P, KERMANI M R. Linearized torque actuation using FPGA-controlled magnetorheological actuators [J]. IEEE/ASME Transactions on Mechatronics, 2015, 20 (2): 696-704.

[59] KIM W H, PARK J H, KIM G W, et al. Durability investigation on torque control of a magneto-rheological brake: experimental work [J]. Smart Materials and Structures, 2017, 26 (3): 037001.

[60] SOHN J W, GANG H G, CHOI S B. An experimental study on torque characteristics of magnetorheological brake with modified magnetic core shape [J]. Advances in Mechanical Engi-

neering, 2018, 10 (1): 1-8.

[61] HADI SHAMIEH, RAMIN SEDAGHATI. Muti-objective design optimization and control of magnetorheological fluid brake for automotive applications [J]. Smart Materials and Structures, 2017, 26 (12): 125012.

[62] 任芸丹, 芮延年. 人工智能磁流变汽车智能制动技术研究 [J]. 机械设计, 2014, 31 (3): 75-79.

[63] 史耀. 磁流变液制动器轴向挤压制动转矩控制技术研究 [D]. 徐州: 中国矿业大学, 2018.

[64] GONG M, WEI H. Full power hydraulic brake system based on double pipelines for heavy vehicles [J]. Chinese Journal of Mechanical Engineering, 2011, 24 (5): 790-797.

[65] SABABHA B H, ALQUDAH Y A. A reconfiguration-based fault-tolerant anti-lock brake-by-wire system [J]. ACM Transactions on Embedded Computing Systems (TECS), 2018, 17 (5): 87.

[66] 张晋, 孔祥东, 姚静, 等. 汽车防抱死制动系统液压控制单元的建模与仿真 [J]. 中国机械工程, 2016, 27 (21): 2967-2974.

[67] SHIAO Y J, NGUYEN Q A, LIN J W. The development of a hybrid antilock braking system using magnetorheological brake [C]. Applied Mechanics and Materials, 2014, 479-480: 622-626.

[68] ASSADSANGABI B, DANESHMAND F, VAHDATI N, et al. Optimization and design of disk-type MR brakes [J]. International Journal of Automotive Technology, 2011, 12 (6): 921-932.

[69] SOHN J W, JEON J, NGUYEN Q H, et al. Optimal design of disc-type magneto-rheological brake for mid-sized motorcycle: experimental evaluation [J]. Smart Materials and Structures, 2015, 24 (8): 085009.

[70] PARK E J, STOIKOV D, DA LUZ LF, et al. A performance evaluation of an automotive magnetorheological brake design with a sliding mode controller [J]. Mechatronics, 2006, 16 (7): 405-416.

[71] KARAKOC K, PARK E J, SULEMAN A. Design considerations for an automotive magneto-rheological brake [J]. Mechatronics, 2008, 18 (8): 434 - 447.

[72] 马良旭. 电动汽车磁流变液制动系统的研究与开发 [D]. 北京: 清华大学, 2016.

[73] YU L, MA L, SONG J, et al. Magnetorheological and wedge mechanism-based brake-by-wire system with self-energizing and self-powered capability by brake energy harvesting [J]. IEEE/ASME Transactions on Mechatronics, 2016, 21 (5): 2568-2580.

[74] DAS S, KISHISHITA Y, TSUJI T, et al. Forcehand glove: a wearable force-feedback glove with pneumatic artificial muscles (PAMs) [J]. IEEE Robotics and Automation Letters, 2018, 3 (3): 2416-2423.

[75] BOUZIT M, BURDEA G, POPESCU G, et al. The rutgers master II-new design force-feedback glove [J]. IEEE/ASME Transactions on Mechatronics, 2002, 7 (2): 256-263.

[76] BLAKE J, GUROCAK H B. Haptic glove with MR brakes for virtual reality [J]. IEEE/ASME Transactions on Mechatronics, 2009, 14 (5): 606-615.

[77] WINTER S H, BOUZIT M. Use of magnetorheological fluid in a force feedback glove [J]. IEEE Transactions on Neural Systems and Rehabilitation Engineering, 2007, 15 (1): 2-8.

[78] NAM Y J. Smart glove: hand master using magneto-rheological fluid actuators [C]. 4th International Conference on Metronics and Information Technology (ICMIT 2007), Gifu, JAPAN, Dec. 05-06, 2007.

[79] QIN H, SONG A, ZHAN G, et al. A multi-finger interface with MR actuators for haptic applications [J]. IEEE Transactions on Haptics, 2017, 11 (1): 5-14.

[80] XIE H L, LIANG Z Z, LI F, et al. The knee joint design and control of above-knee intelligent bionic leg based on magneto-rheological damper [J]. International Journal of Automation and Computing, 2010, 7 (3): 277-282.

[81] 霍耀璞, 王爱民, 赵昌森. 基于力反馈的手功能康复训练系统设计 [J]. 测控技术, 2019, 38 (8): 6-10.

[82] KOSTAMO E, FOCCHI M, GUGLIELMINO E, et al. Magnetorheologically damped compliant foot for legged robotic application [J]. Journal of Mechanical Design, 2014, 136 (2): 021003.

[83] DONG XIAOMIN, LIU WEIQI, AN GUOPENG, et al. A novel rotary magnetorheological flexible joint with variable stiffness and damping [J]. Smart Materials and Structures, 2018, 27 (10): 105045.

[84] DESAI R M, JAMADAR M, KUMAR H, et al. Performance evaluation of a single sensor control scheme using a twin-tube MR damper based semi-active suspension [J]. Journal of Vibration Engineering & Technologies, 2021: 1-18, DOI: 10. 1007/s42417-021-00290-1.

[85] KIM B G, YOON D S, KIM G W, et al. Design of a novel magnetorheological damper adaptable to low and high stroke velocity of vehicle suspension system [J]. Applied Sciences, 2020, 10 (16): 5586.

[86] HAN YOUNG-MIN, NOH KYUNG-WOOK, LEE YANG-SUB. A magnetorheological haptic cue accelerator for manual transmission vehicles [J]. Smart Materials and Structures, 2010, 19 (7): 075016.

[87] HU L Y, YU Z H, ZHENG D, et al. Steer-by-wire force feedback system based on magnetorheological fluid damper [J]. Applied Mechanics & Materials, 2014, 536-537: 1032-1036.

第2章 磁流变液制动器的设计与多目标优化

磁流变液制动器是一种利用磁流变液在磁场作用下显著流变特性来实现运动机械可控柔性制动的新型制动装置，得益于磁流变效应连续可控、迅速可逆、控制简单且能耗低等特点，磁流变液制动器在车辆线控制动/线控转向、康复机器人、遥操作机器人等领域具有广阔的应用前景。本章开展小扭矩单盘式和大扭矩多盘式两种规格类型的磁流变液制动器设计与多目标优化，主要进行制动器结构设计、制动力矩建模、磁场仿真、动态响应时间和瞬态温度场分析等。在设计分析的基础上，针对大扭矩多盘式磁流变液制动器，选用最优拉丁超立方设计方法分析制动器的结构尺寸对制动力矩、响应时间、工作间隙区域磁感应强度和制动器重量的影响权重，并以最大化制动力矩、最小化响应时间和最小化制动器重量为优化目标对其进行多目标优化设计，以期为磁流变液制动器的研发及应用提供基础。

2.1 小扭矩单盘式磁流变液制动器设计与分析

本节将介绍小扭矩单盘式磁流变液制动器的设计与分析过程，其具有结构轻巧、功耗低的优点，一般应用于力反馈或康复训练等小扭矩场合[1, 2]，主要设计与分析内容包括：单盘式磁流变液制动器的结构设计和制动力矩建模。

2.1.1 结构设计

单盘式磁流变液制动器的结构如图 2.1 所示，主要包括壳体、制动盘、转轴、隔磁环、励磁线圈、骨架油封、弹性挡圈等。其中，壳体和制动盘要求具有良好的导磁性，其材料选用 20 钢；转轴和隔磁环要求隔磁以减少磁漏，分别选用 304 不锈钢和 Cu；励磁线圈由直径 0.51mm 的裸铜线绕制而成，其许用最高电流为 3A；骨架油封起到密封作用，防止磁流变液泄漏；弹性挡圈用于防止制动盘轴向窜动。在壳体上设有注液孔和排气孔，使用注射器从注液孔注入磁流变液，排气孔用于排气及观察磁流变液是否注满。图 2.2 所示为所设计单盘式磁流变液制动器 1/2 剖面图，其主要结构尺寸参数见表 2.1。

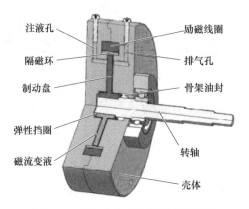

图 2.1 单盘式磁流变液制动器结构

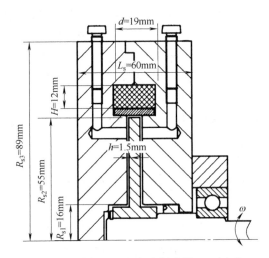

图 2.2 单盘式磁流变液制动器 1/2 剖面

表 2.1 磁流变液制动器主要结构尺寸参数 （单位：mm）

结构尺寸参数	数 值
制动盘工作内径 R_{s1}	16
制动盘工作外径 R_{s2}	55
制动器壳体外径 R_{s3}	89
制动器壳体厚度 L_s	60
外壳与制动盘间距 h	1.5
线圈高度 H	12
线圈厚度 d	19

2.1.2 制动力矩建模

磁流变液制动器的制动力矩主要由两部分组成:一部分是线圈未通电时由磁流变液本身黏性产生的黏性阻力矩;另一部分是线圈通电后磁流变液在磁场作用下产生的剪切阻力矩[3,4]。基于 Bingham 模型并利用微元法分析,求解得到单盘式磁流变液制动器制动力矩 T 的表达式为

$$T = \frac{4}{3}\pi\tau_\mathrm{B}(R_\mathrm{s2}^3 - R_\mathrm{s1}^3) + \frac{\pi\eta\omega}{h}(R_\mathrm{s2}^4 - R_\mathrm{s1}^4) \qquad (2.1)$$

式中,R_s1,R_s2 分别为磁流变液制动器工作区域内半径和外半径;τ_B 为磁流变液在磁场作用下产生的剪切屈服应力;η 为磁流变液零场黏度;h 为磁流变液所处工作间隙的垂直宽度;ω 为制动盘转动角速度。

由式(2.1)可得,在完成磁流变液制动器结构设计后,影响制动力矩的因素主要包括磁流变液的剪切屈服应力 τ_B 及制动盘转动角速度 ω。

选用宁波杉工智能安全科技股份有限公司的 SG-MRF2035 型磁流变液,主要性能参数见表 2.2[5,6],其剪切屈服应力-磁感应强度特征曲线[7]如图 2.3 所示。可以看出,在磁感应强度小于 0.8T 时,剪切屈服应力随磁感应强度的增加基本呈线性增长关系;而当磁感应强度大于 0.8T 时,剪切屈服应力变化基本趋于稳定,表明磁流变液材料基本接近磁饱和,在设计时尽量将磁感应强度的变化范围控制在 0.8T 以内。

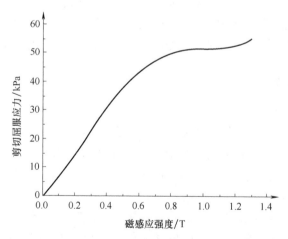

图 2.3 磁流变液剪切屈服应力-磁感应强度的特征曲线

对图 2.3 中的特性曲线进行数据拟合,得到其拟合关系式为

$$\tau_\mathrm{B} = -0.84034 + 57.88768B + 126.059485B^2 - 216.76608 + 85.27012B^4 \qquad (2.2)$$

式中,B 为磁感应强度。

表 2.2 磁流变液主要性能参数

参　数	数　值
密度/(g/mL)	3.09
表观黏度/(mPa·s)	240
质量固含量（%）	81.24
温度范围/℃	−40~180
热膨胀系数/(1/℃)	0.00034
剪切屈服强度（1.0T）/kPa	55
闪点/℃	>250

2.2　大扭矩多盘式磁流变液制动器设计与多目标优化

本节开展大扭矩多盘式磁流变液制动器设计与多目标优化。首先，提出多盘式磁流变液制动器优化模型，并对其进行磁路设计以及制动力矩、动态响应、静磁场、温度场等理论分析，构建磁路变液制动器多目标数值分析模型；其次，以多目标分析软件 ISIGHT 为平台，集成 ANSYS、MATLAB 分析软件，运用最优拉丁超立方试验设计方法，分析多盘式磁流变液制动器的几何结构尺寸对工作间隙磁感应强度、制动力矩、响应时间、制动器质量的影响权重，最后选用对四者影响比较高的几何结构尺寸为设计变量，以制动力矩、响应时间、制动器质量为优化目标，实现多盘式磁流变液制动器的多目标优化设计。

2.2.1　理论分析

1. 磁路磁阻计算

多盘式磁流变液制动器主要由转动轴、外壳、励磁线圈、固定盘、制动盘、隔磁套以及轴承、密封圈、螺栓等构成，共有 6 个工作间隙，能够产生较大制动力矩。为了便于优化分析，忽略轴承、密封圈、螺栓等零件，得到其简化结构模型如图 2.4 所示。

如图 2.5 所示，当给励磁线圈输入控制电流后，制动器内部会产生磁场，开始时沿制动器轴向穿过制动盘和磁流变液，再沿制动器外壳侧面和顶面回到制动盘。忽略结合面之间的磁阻[9]，根据安培环路定理和磁路欧姆定律可得

$$\phi = \frac{NI}{\sum R_{\mathrm{v}}} \tag{2.3}$$

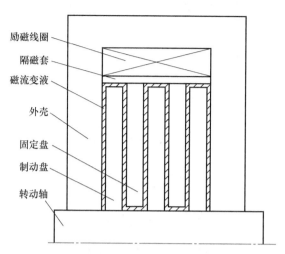

图2.4　多盘式磁流变液制动器简化结构模型

式中，ϕ 为制动器内部的磁通量；I 为电流；N 为线圈匝数；$\sum R_\mathrm{v}$ 为磁流变液制动器的总磁阻。

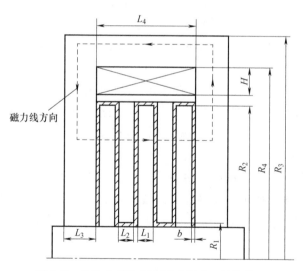

图2.5　多盘式磁流变液制动器磁阻计算模型

磁阻的计算公式为

$$R_\mathrm{v} = \frac{x}{\mu S_\mathrm{v}} \tag{2.4}$$

式中，x 为磁路长度；μ 为材料的磁导率（$\mu = \mu_0 \mu_\mathrm{r}$，$\mu_0 = 4\pi \times 10^{-7}$，$\mu_\mathrm{r}$ 为材料的相对磁导率，其数值通过电工手册查找）；S_v 为磁路部分的截面积。

根据图 2.5 的磁阻计算模型图，磁路中各部分磁阻计算公式为

$$R_{v1} = \frac{L}{\mu_1 \pi (R_3^2 - R_4^2)} \qquad (2.5)$$

$$R_{v2} = \frac{\ln(R_3/R_1)}{2\pi\mu_1 L_3} \qquad (2.6)$$

$$R_{v3} = \frac{L_1}{\mu_2 \pi (R_2^2 - R_1^2)} \qquad (2.7)$$

$$R_{v4} = \frac{L_2}{\mu_3 \pi (R_2^2 - R_1^2)} \qquad (2.8)$$

$$R_{v5} = \frac{b}{\mu_4 \pi (R_2^2 - R_1^2)} \qquad (2.9)$$

式中，μ_1、μ_2、μ_3、μ_4 分别为外壳、磁流变液、固定盘材料、制动盘的磁导率；R_1、R_2 分别为工作间隙最小、最大工作半径；R_3 为外壳外径；R_4 为线圈最大半径；L_1、L_2、L_3 分别为制动盘、固定盘、壳体的厚度；b 为磁流变液工作间隙宽度；L 为制动器厚度，且 $L = 2L_3 + 2L_2 + 3L_1 + 6b$。

则该多盘式磁流变液制动器总磁阻的计算公式为

$$\sum R_v = R_{v1} + 2R_{v2} + 3R_{v3} + 2R_{v4} + 6R_{v5} \qquad (2.10)$$

磁路设计时要考虑穿过工作间隙的磁通量最大，其表达式为

$$\phi = BS \qquad (2.11)$$

式中，B 为期望工作磁感应强度；S 为制动盘的工作面积，且 $S = \pi(R_2^2 - R_1^2)$。

将式（2.11）代入式（2.3），推导得到磁路的磁动势为

$$NI = \pi B (R_2^2 - R_1^2) \sum R_v \qquad (2.12)$$

2. 线圈设计

磁流变液制动器在工作过程中短时反复给励磁线圈通入电流，以产生工作磁场。根据安全指标要求，允许通入导线的最大电流密度 $J_{max} = 8\text{A/mm}^2$，则线圈最大许用电流 $I_{max} = 2.8\text{A}$。选取电流为 $I = 2\text{A}$ 时，制动器输出制动力矩最大。线圈直径 d 的计算公式为

$$d = 2\sqrt{\frac{I_{max}}{\pi J_{max}}} \qquad (2.13)$$

线圈安装时需要考虑其布置空间[10]，根据式（2.12）求得线圈匝数可推算出线圈的安装空间，假设铜导线在轴向和径向相切，如图 2.6 所示。

根据图 2.5，线圈轴向安装尺寸由制动盘个数和厚度、固定盘个数和厚度，以及工作间隙的厚度确定，其表达式为

$$L_4 = 2nb + nL_1 + (n-1)L_2 \qquad (2.14)$$

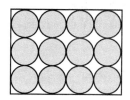

图2.6　线圈安装形式

式中，n 为制动盘数量。

考虑到线圈绕制过程中的误差，在设计时需留有一定安装余量，则线圈轴向安装层数为

$$Z = \frac{L_4 - 0.001}{d} \tag{2.15}$$

线圈沿径向安装的厚度为

$$H = \frac{N}{Z} + 0.002 \tag{2.16}$$

线圈通入电流密度 CJ（须小于 $J_{\max}$）为

$$CJ = \frac{NI}{HL_4} \tag{2.17}$$

3. 磁场仿真分析

运用 ANSYS 软件的 APDL 编程语言建立多盘式磁流变液制动器的磁场仿真模型[8]，在线圈区域施加电流密度 CJ，得到优化前磁流变液制动器的磁感应强度分布如图 2.7 所示。由图 2.7 可见，当通入线圈 2A 电流时，最大磁感应强度出现在上壳体与右壳体交界区域，其值约为 1.99T，而工作间隙区域磁感应强度沿径向方向上呈现不均匀性分布，其均值约为 0.35T，沿径向越靠近励磁线圈，磁场越强。考虑到工作间隙内磁场的不均匀性，为了减小制动力矩的计算误差，在各个间隙沿径向均匀选取 20 个探点，运用静磁场求解得到各探点处磁感应强度，并结合制动器结构尺寸参数便可得到磁流变液制动器的制动力矩。

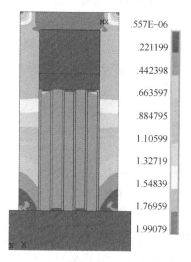

图2.7　优化前磁流变液制动器磁感应强度分布示意图

4. 制动力矩计算

根据有限元法计算磁流变液制动器产生

的制动力矩，运用 ANSYS 软件进行静磁场分析得到制动器的磁感应强度分布，在每个工作间隙沿径向均匀取 20 个探点，得到各点的磁感应强度后，则每个工作间隙产生的制动力矩为

$$T_{hp} = \sum_{p=1}^{20} T_p = \frac{2}{3}\pi\tau_B(R_{p+1}^3 - R_p^3) \tag{2.18}$$

式中，T_{hp} 为第 p 个路径上产生的制动力矩；T_p 为单个测点对应微元的制动力矩；R_p 为测点处对应的制动盘半径；τ_B 为磁流变液的动态屈服应力。

则该多盘式磁流变液制动器产生的磁致制动力矩 T_h 为

$$T_h = \sum_{i=1}^{K} T_{hi} \tag{2.19}$$

式中，K 为工作间隙数量。

由于磁流变液自身的黏性也会产生黏性制动力矩，单个工作间隙产生的黏性制动力矩 T_u 为

$$T_u = \int_{R_1}^{R_2} 2\pi r^2 \frac{wr}{b}\mathrm{d}r = \frac{\pi\eta w}{2b}(R_2^4 - R_1^4) \tag{2.20}$$

则在外部磁场激励下，多盘式磁流变液制动器所产生的总制动力矩 T_b 为

$$T_b = T_h + KT_u \tag{2.21}$$

5. 动态响应时间分析

响应时间是衡量磁流变液制动器性能的一项重要指标，它可定义为从给励磁线圈通入目标电流到输出目标制动力矩所用时间。图 2.8 所示为磁流变液制动器的动态响应过程。在不考虑外部电路滞后的情况下，磁流变液制动器的响应时间主要包括磁流变液的响应时间和电磁回路的响应时间[11]。相比于电磁回路的响应时间，磁流变液材料的流变响应时间通常很短，一般为数毫秒，可忽略不计，利用恒压源给励磁线圈供电时，可将线圈电路等效为图 2.9 所示的 RL 串联电路[12, 13]。

图 2.9 中，线圈电感 L_m 为[14]

$$L_m = \frac{N\phi}{I} \tag{2.22}$$

式中，ϕ 为穿过工作间隙区域的磁通量；N 为线圈匝数；I 为电流大小。

线圈电阻 R_m 为

$$R_m = l_w R_w = \pi(r_{cw} + r_{rw})N\rho/A_c \tag{2.23}$$

式中，l_w 为线圈导线长度；R_w 为每米线圈电阻；r_{cw} 为线圈外半径；r_{rw} 为线圈内半径；ρ 为导线的电阻率；A_c 为导线的截面积。

假设在 $t = 0$ 时，通过励磁线圈的电流 $I(0) = 0$，采用恒压源 U 给线圈供电，由基尔霍夫定理可得

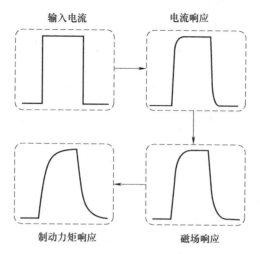

图 2.8 磁流变液制动器的动态响应过程

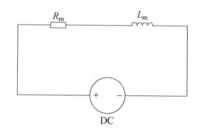

图 2.9 励磁线圈的等效电路

$$U(t) = L_m \frac{\mathrm{d}I(t)}{\mathrm{d}t} + R_m I(t) \tag{2.24}$$

将初始零值代入式（2.24），求解得到励磁电流的时间响应关系为

$$I(t) = \frac{U(t)}{R_m}(1 - \mathrm{e}^{-t/\lambda}) \tag{2.25}$$

式中，λ 为时间常数，其计算式为

$$\lambda = \frac{L_m}{R_m} \tag{2.26}$$

对于一阶惯性环节，响应时间为电流从零值达到期望电流的 63.2% 所需的时间，即为时间常数 λ。

6. 瞬态温度场分析

磁流变液属于阻尼耗能材料[15]，在制动工况下，系统的机械能损失几乎全部转化为磁流变液制动器的热能，引起磁流变液工作温度急剧上升。然而磁流变液的材料性能受温度影响，其允许温度范围为 40~130℃[16]。因此，在进行磁流变液制动器优化时需要考虑汽车紧急制动工况下制动器的温升情况。

磁流变液制动器在制动过程中的热源主要包括磁流变液固化后与制动盘的剪切发热、线圈通电的功率消耗以及轴承、密封圈等的摩擦生热。相比于前两种热源，轴承和密封圈的摩擦发热量非常小，可忽略不计[17]。

假设汽车制动时的车辆动能全部转化为引起磁流变液温升的热能，则磁流变液的生热率 ϕ_m 可表示为

$$\phi_m = \frac{P_m}{V_m} \tag{2.27}$$

式中，V_m 为磁流变液的体积；P_m 为汽车制动功率。

P_m 的计算公式如下：

$$P_m = m\delta(v_0 - \delta t) \tag{2.28}$$

式中，m 为目标车轮所承载的质量；δ 为制动减速度；v_0 为制动初速度。

假定线圈功率消耗 P_c 全部转化为线圈温升的热量，则线圈生热率 ϕ_c 可表示为

$$\phi_c = \frac{P_c}{V_c} = \frac{I^2 R_m}{\pi B_c (R_{c1}^2 - R_{c2}^2)} \tag{2.29}$$

式中，V_c 为线圈体积；I 为线圈通入电流；R_m 为线圈电阻；B_c 为线圈宽度；R_{c1}、R_{c2} 分别为线圈外半径和内半径。

磁流变液制动器的壳体表面与周围空气存在辐射和对流换热，自然换热的换热系数 δ_s 可表示为

$$\delta_s = \delta_r + \delta_c \tag{2.30}$$

式中，δ_c 为自然对流换热系数（依据参考文献［18］，取 $\delta_c = 9.7 \mathrm{W \cdot m^{-2} \cdot ℃^{-1}}$）；$\delta_r$ 为辐射换热系数。

转动轴旋转时，外表面与周围空气存在强制换热，换热系数 δ_k 可表示为[19]

$$\delta_k = 28\left(1 + \sqrt{\frac{0.45\pi n_s d_s}{60}}\right) \tag{2.31}$$

式中，d_s 为旋转面平均直径；n_s 为转动轴平均转速。

选取 5 个紧急循环制动周期作为制动工况，每一个制动周期包括从静止加速到 60km/h 和从 60km/h 制动到静止。假设每一个周期内加速度和减速度恒定，由于汽车紧急制动时的减速度与制动器产生的制动力矩有关，制动力矩越大，减速度越大，对应车速从 60km/h 到静止所需时间 t_1 越短。设加速周期为 10s，则每个制动周期所需时间为 10s+t_1。整个工况试验过程中车速变化如图 2.10 所示。

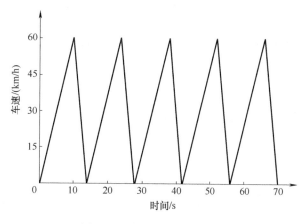

图 2.10　频繁紧急制动工况

2.2.2　试验设计分析

试验设计（Design of Experiment，DOE）通过合理安排试验方案，能够快速分析系统中关键因素以及各个因素之间的交互作用。使用最优拉丁超立方设计方法[20]，研究制动器几何尺寸对其制动力矩、响应时间和质量的影响权重，识别出影响三者的主导参数，以期减小优化搜索空间和获得最佳设计参数所需的时间，为后续磁流变液制动器的多目标优化设计提供基础。

在未达到磁饱和前提下，工作间隙磁感应强度越高，磁流变液制动器能够产生越大的制动力矩。采用上述 DOE 法讨论制动器结构尺寸参数对工作间隙磁感应强度、制动力矩、响应时间以及质量的贡献率，其试验因子可表示为

$$X = [R_1, R_2, R_3, R_4, b, L_1, L_2, L_3]^T \tag{2.32}$$

DOE 法所涉及的设计变量的几何边界约束条件见表 2.3。

表 2.3　试验因子取值范围　　　　　　　　（单位：mm）

试验因子 X	最小值	最大值	初始值
R_1	20	50	20
R_2	80	130	80
R_3	130	160	130
R_4	110	140	110
L_1	5	15	5
L_2	5	15	5
L_3	5	15	5
b	0.25	2.5	0.25

使用 ISIGHT 软件[21]与 MATLAB、ANSYS 软件集成，开展 DOE 联合仿真，其流程如图 2.11 所示。其中，在 DOE 模块中定义试验因子、设计矩阵、输出响应等操作，选择最优拉丁超立方算法，确定 500 个样本点进行 DOE 分析。

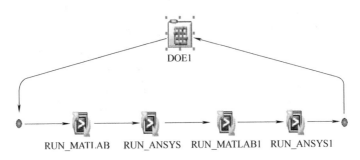

图 2.11　DOE 联合仿真流程图

在 ISIGHT 软件平台上，通过 DOE 法定量定性分析试验因子与输出响应之间的影响权重[22]，ISIGHT 软件可输出 Pareto 图、交互效应图和主效应图用于分析试验结果。其中，Pareto 图主要用于分析试验因子对输出响应的影响权重，因此选用 Pareto 图分析试验因子对磁流变液制动器质量、响应时间、工作间隙磁感应强度、制动力矩的影响权重。

图 2.12 为试验因子对输出响应的影响权重，其中，■表示正响应、□表示负响应，数值越大表示试验因子对输出响应的影响权重越高。由图 2.12a 可见，影响工作间隙磁感应强度的设计变量主要是 R_2 和 R_4，两者对于磁感应强度的影响比分别为-44.13%、18.05%，而其余参数影响相对较小。工作间隙厚度 b 对磁感应强度的影响为负效应，即工作间隙磁感应强度随着 b 的增大而减小。设计变量 R_1 和 R_3 的影响权重最小，可忽略不计。因此，当需要增加工作间隙磁感应强度时，优先考虑减少 R_2 的值；由图 2.12b 可知，8 个设计参数对制动器质量的影响均为正效应，其中影响最大的参数为 L_2，其影响比为33.32%，而设计变量 R_1、R_2、b 的影响最小；图 2.12c 中，R_2、b 对响应时间的影响为正效应，其余均为负效应，其中主要影响变量是 R_2、R_4、R_1，其对响应时间的影响比分别为64.04%、-14.67%、-11.49%；由图 2.12d 可见，影响制动力矩的主要设计参数是 R_2、R_4，其对制动力矩的影响比分别为-35.008%、20.884%。

综上所述，磁流变液制动器的结构参数对其质量、工作间隙磁感应强度、响应时间、制动力矩的影响存在耦合关系，并且上述四个输出响应之间也存在相互制约的关系，设计变量 R_2 对工作间隙磁感应强度、响应时间、制动力矩的影响比较大，而对质量的影响较小，设计变量 R_1、b 对四者的影响均比较小。

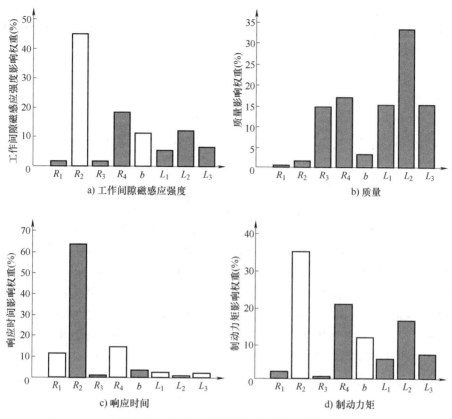

图 2.12　试验因子对输出响应的影响权重

2.2.3　多目标优化设计

上述分析表明，设计变量 R_1、b 对优化目标的影响较小，故选取两者均为定值，其中 $R_1 = 37\text{mm}$、$b = 1\text{mm}$。则磁流变液制动器多目标优化设计变量为

$$\boldsymbol{X} = \left[R_2, R_3, R_4, L_1, L_2, L_3 \right]^{\mathrm{T}} \qquad (2.33)$$

表 2.4 为磁流变液制动器多目标优化设计变量的取值范围。

表 2.4　设计变量的取值范围　　　　　　（单位：mm）

设计变量 X	$X_{\min}$	$X_{\max}$	初始值
R_2	80	130	90
R_3	130	155	145
R_4	110	140	125
L_1	5	15	6
L_2	5	15	6
L_3	5	15	10

磁流变液制动器的约束条件为：制动力矩 T_b>282N·m，响应时间 t<300ms，制动器质量 m<60kg，工作间隙磁感应强度≤0.8T，磁流变液最高温度<130℃，制动器最大直径≤320mm。同时，还需考虑以下几何约束条件为

$$\begin{cases} R_4-R_3 \geqslant 5\text{mm} \\ R_3 \leqslant 160\text{mm} \\ R_4-R_2-b \geqslant 20\text{mm} \end{cases} \quad (2.34)$$

以最大化制动力矩、最小化响应时间、最小化质量为优化目标，其目标函数可表示为

$$F(X) = \{\min(m), \min(t), \max(T_b)\} \quad (2.35)$$

图 2.13 为磁流变液制动器多目标优化设计流程，遗传算法 NSGA-II 模块由 ISIGHT 软件提供[23]，通过将 MATLAB 数值计算、ANSYS 静磁场和瞬态温度场分析文件输入到 ISIGHT 平台，便可构建整个优化模型。设定 NSGA-II 算法的遗传代数、交叉概率、变异概率、种群数分别为100、0.9、0.1、40，定义设计变量、约束条件和目标函数后，求解获得各目标之间的 Pareto 解集如图 2.14 所示。由图 2.14 可知，在满足约束条件的情况下，制动力矩、响应时间和质量存在多个解集，比如，获得最优制动力矩可能导致质量和响应时间达不到满意的效果。

选用线性加权法将多目标优化转换为单目标优化问题，根据响应时间、质量、制动力矩三者的重要程度，设定相应的权重系数构成如下的单目标函数：

$$\min f(x) = w_1 \frac{m}{m_{eq}} + w_2 \frac{t}{t_{eq}} + w_3 \frac{T_{eq}}{T_b} \quad (2.36)$$

式中，w_1，w_2，w_3 分别为质量 m、响应时间 t 和制动力矩 T_b 的权重系数，其取值分别为 0.1、0.5、0.4；m_{eq}，t_{eq}，T_{eq} 为对应各个目标的参考值，其取值分别为 60kg、300ms、282N·m。

将每一次迭代的多目标最优解代入式（2.36），计算得单目标函数的最小值，当 $f(x)$ 最小值有相等的情况时，按照响应时间最小、制动力矩最大、质量最轻三者依次评价获得最优解，通过求解得到 $\min f(x) = 0.7894$。表 2.5 所示为磁流变液制动器优化后的设计变量值。

表 2.5　磁流变液制动器优化后的设计变量值　　（单位：mm）

设计变量	优化值	圆整值
R_2	105.300	105
R_3	152.939	153
R_4	135.875	136
L_1	7.958	8
L_2	6.611	7
L_3	14.996	15

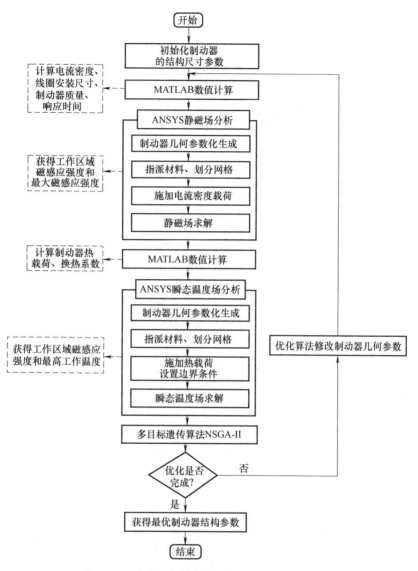

图 2.13 磁流变液制动器的多目标优化设计流程

如表 2.6 所示，当车速为 60km/h、励磁线圈电流为 2A 时，磁流变液制动器最大制动力矩为 360.231N·m，满足最小制动力矩 282N·m 的要求，制动器质量为 36.87kg，其值远小于质量约束要求 60kg；响应时间为 253.52ms，满足于响应时间小于 300ms 的约束要求；制动器最大外半径 R_3 小于所选轮胎的轮毂半径（162.1mm），满足安装空间要求。

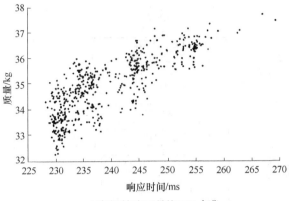

a) 响应时间与质量的Pareto解集

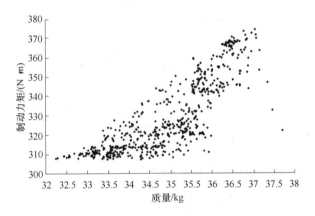

b) 质量与输出制动力矩的Pareto解集

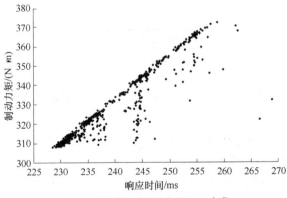

c) 响应时间与输出制动力矩的Pareto解集

图 2.14　各优化目标之间的 Pareto 解集

表 2.6　磁流变液制动器优化后主要规格参数

参　　数	数　　值
线圈高度 H/mm	15
线圈匝数 N/匝	1790
质量 m/kg	36.87
响应时间 t/ms	253.32
制动力矩 T_b/(N·m)	360.231
制动器整体厚度 L/mm	74
工作间隙最大温度值/℃	94.97
工作间隙厚度 b/mm	1
工作间隙内半径 R_1/mm	37
制动器最大外半径 R_3/mm	153

参 考 文 献

[1] TOMORI H, MIDORIKAWA Y, NAKAMURA T. Vibration control of an artificial muscle manipulator with a magnetorheological fluid brake [J]. Journal of Physics：Conference Series, 2013, 412：12053-12062.

[2] WANG Y, LI S, MENG W. Strong coupling analysis of fluid-solid for magnetorheological fluid braking system [J]. Journal of Intelligent Material Systems and Structures, 2018, 29 (8)：1586-1599.

[3] KUMAR J S R R. To investigate the braking torque of magnetorheological fluid brake with synthetic magnetorheological fluid [J]. International Journal of Engineering & Technical Research, 2016, 5 (4)：211-217.

[4] SUN HUIMIN, ZHU XULI, LIU NANNAN, et al. Effect of different volume fraction magnetorheological fluids on its shear properties [J]. Journal of Physics：Conference Series, 2019, 1187：032078-032084.

[5] SARKAR C, HIRANI H. Development of a magnetorheological brake with a slotted disc [J]. Proceedings of the Institution of Mechanical Engineers, Part D：Journal of Automobile Engineering, 2015, 229 (14)：1907-1924.

[6] HAN Y, KIM C, CHOI S. A magnetorheological fluid-based multifunctional haptic device for vehicular instrument controls [J]. Smart Materials and Structures, 2009, 18 (1)：15002.

[7] WANG D M, HOU Y F, TIAN Z Z. A novel high-torque magnetorheological brake with a water cooling method for heat dissipation [J]. Smart Materials and Structures, 2013, 22 (2)：025019.

[8] 向红军, 胡仁喜, 康士廷. ANSYS 18.0 电磁学有限元分析从入门到精通 [M]. 北京：机

械工业出版社，2018.

［9］ 蒋建东. 磁流变传动技术及器件的研究［D］. 重庆：重庆大学，2004.

［10］ 马良旭. 电动汽车磁流变液制动系统的研究与开发［D］. 北京：清华大学，2016.

［11］ 杨哲，朱超，郑佳佳，等. 磁流变阻尼器磁场响应时间分析和校正电路设计［J］. 机床与液压，2013，41（5）：22-25.

［12］ 李柯瑶. 磁流变阻尼器的时滞补偿策略研究［D］. 武汉：华中科技大学，2019.

［13］ 浙江大学电工学教研室. 电工学［M］. 北京：人民教育出版社，1979.

［14］ HADI SHAMIEH，RAMIN SEDAGHATI. Muti-objective design optimization and control of magnetorheological fluid brake for automotive applications［J］. Smart Materials and Structures，2017，26（12）：125012.

［15］ 唐龙，岳恩，罗顺安，等. 磁流变液温度特性研究［J］. 功能材料，2011，42（6）：1065-1067.

［16］ 王道明. 大功率磁流变传动技术及温度效应研究［D］. 徐州：中国矿业大学，2014.

［17］ 任纬坤. 大转矩磁流变挤压制动器设计及制动特性研究［D］. 徐州：中国矿业大学，2017.

［18］ 丁舜年. 大型电机的发热与冷却［M］. 北京：科学出版社，1992.

［19］ 王明权，易传云. 划片机气静压电主轴热变形的有限元分析［J］. 电子工业专用设备，2007，36（4）：39-44.

［20］ 季宁，张卫星，于洋洋，等. 基于最优拉丁超立方抽样方法和NSGA-Ⅱ算法的注射成型多目标优化［J］. 工程塑料应用，2020，48（3）：72-77.

［21］ 赖宇阳. Isight 参数化优化理论与实例详解［M］. 北京：北京航空航天大学出版社，2012.

［22］ 张垚，刘茜，刘芳. 基于 Isight 软件的磁流变减震器节能性研究［J］. 机械设计，2018，35（11）：57-60.

［23］ MAPUTI E S，ARORA R. Multi-objective optimization of a 2-stage spur gearbox using NSGA-Ⅱ and decision-making methods［J］. Journal of the Brazilian Society of Mechanical Sciences and Engineering，2020，42（9）：477.

第3章 磁流变液制动器的多物理场仿真研究

考虑到磁流变液制动器的输出制动力矩主要受工作间隙磁感应强度的影响，有必要对其电磁场进行仿真分析。此外，磁流变液制动器在工作过程中，主要是通过制动盘和磁流变液之间的剪切摩擦来消耗车辆行驶动能，故制动器内部会积聚大量的热能导致装置温度上升。温升会影响磁流变液的力学特性，进而降低制动器输出制动力矩的稳定性。本章首先开展磁流变液制动器的电磁场仿真分析，探究制动器的磁场分布规律以及工作间隙磁感应强度随线圈电流的变化规律；其次，以汽车处于不同制动模式为仿真背景，对磁流变液制动器的瞬态温度场进行仿真，得到温度场分布规律及内部磁流变液温升情况；随后，将瞬态温度场仿真得到制动器温升作为载荷对制动器进行热应力与热应变分析，获得制动盘的热变形情况；最后，对磁流变液制动器的内部散热管路进行流场仿真，分析冷却液的速度场和压力场分布。

3.1 磁流变液制动器的电磁场仿真

3.1.1 电磁场仿真模型建立

当磁流变液制动器的关键结构参数确定后，其制动力矩主要受工作间隙磁感应强度影响。因此，为了确定工作间隙磁感应强度是否满足使用要求，运用ANSYS软件对制动器进行电磁场有限元仿真，分析得到工作间隙磁感应强度的大小及分布规律。

根据磁流变液制动器的关键结构参数，建立其电磁场仿真模型如图3.1所示。为了提高运行效率，建模时忽略键槽、螺栓以及密封件等对电磁场的影响。图中，A1区域包括转轴、转子、轴套、隔磁盘和隔磁环，选用材料0Cr18Ni9；A2区域代表线圈，选用材料Cu；A3区域包括制动盘、左导磁板、上导磁板、右导磁板、左导磁盘和右导磁盘，选用材料20钢[1]；A4、A5和A6区域分别代表磁流变液、空气和O形密封圈。

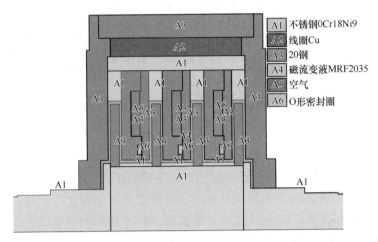

图 3.1　多盘式磁流变液制动器的电磁场仿真模型

3.1.2　材料属性设置与网格划分

在建立电磁场仿真模型后，需要设置各区域零件的材料属性。由于不锈钢 0Cr18Ni9、线圈 Cu、空气和密封圈均为不导磁材料，其相对磁导率设为 1；20 钢和磁流变液均属于导磁材料，其相对磁导率不是恒定值，需要导入其材料的 B-H 曲线。根据常用钢材磁特性曲线速查手册[1]和磁流变液厂家提供的资料，得出磁流变液和 20 钢的 B-H 曲线如图 3.2 所示。

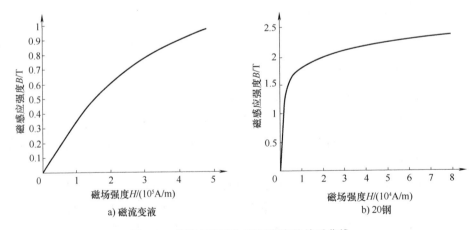

图 3.2　磁感应强度与磁场强度的关系曲线

在完成所有零件的材料属性设置后，对磁流变液制动器的电磁场仿真模型进行网格划分。采用智能网格划分方式，设置划分等级为 3 级。网格划分后对

A4 区域进行网格细化处理以提高仿真结果的准确性，最终得到的网格划分结果如图 3.3 所示。

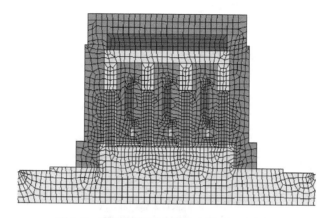

图 3.3 磁流变液制动器的有限元网格划分

3.1.3 边界条件设置与载荷施加

仿真前需要设置边界条件和施加载荷，仿真时忽略可能存在的少量漏磁现象，假设磁通线完全受限于模型内，因此将模型的外部边界设置为平行磁通边界。在静态电磁场仿真分析中，施加载荷的形式是线圈电流密度，因此在 A2 区域施加线圈的电流密度 Γ，其表达式为

$$\Gamma = \frac{NI}{b_c h_c} \tag{3.1}$$

式中，N 为线圈匝数；I 为线圈电流；b_c 为线圈宽度；h_c 为线圈厚度。

由于线圈所用铜线的外径为 1.02mm，其最大许用工作电流为 3.2A，故将磁流变液制动器工作时的最大线圈电流设定为 3A。根据磁流变液制动器的结构参数和式（3.1）可以计算得到线圈的电流密度 $\Gamma = 3000000A/m^2$。

图 3.4 是磁流变液制动器的磁力线分布示意图和磁通密度矢量图。从图中可以看出，当线圈电流为 3 A 时，磁力线的分布和走向与预期相符，表明磁流变液制动器的磁路设计以及零件材料的选择是合理的。

图 3.5 和图 3.6 分别为磁流变液制动器的磁感应强度分布示意图和磁感应强度沿制动盘径向分布示意图。从两图可以看出，当线圈电流为 3A 时，制动器工作间隙处的磁感应强度基本保持在 0.56T 附近，已经超过预期值 0.5T，工作磁感应强度满足设计要求。结合磁流变液制动器的制动力矩计算模型，当工作间隙磁感应强度为 0.56T 时，制动器的制动力矩 263.86N·m，已经达到预期值 235N·m，满足制动力矩设计要求。

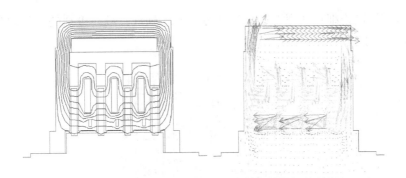

a) 磁力线分布示意图   b) 磁通密度矢量图

图 3.4 磁流变液制动器的磁力线分布示意图与磁通密度矢量图

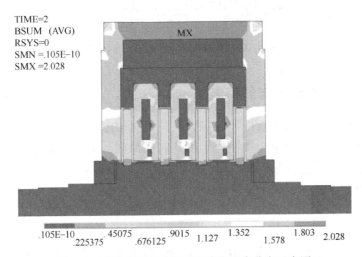

图 3.5 磁流变液制动器的磁感应强度分布示意图

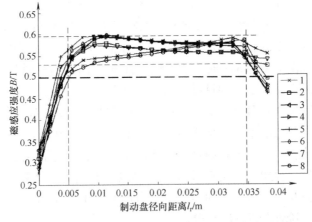

图 3.6 磁感应强度沿制动盘径向分布示意图

3.2　磁流变液制动器的温度场仿真分析

3.2.1　瞬态温度场仿真数学模型

磁流变液制动器在制动过程中内部热量集聚会导致其温度急剧上升，降低制动效果[2-4]，基于 ANSYS Workbench 仿真平台进行磁流变液制动器瞬态温度场仿真分析。在磁流变液制动器中取一微元六面体，根据傅里叶定律可知在某时刻微元体六个面上的热量变化可表示为[5-7]

$$
\begin{cases}
Q_x = -\lambda_x \dfrac{\partial t}{\partial x}\mathrm{d}y\mathrm{d}z, & Q_{x+\mathrm{d}x}=Q_x+\dfrac{\partial Q}{\partial x}\mathrm{d}x=Q_x+\dfrac{\partial}{\partial x}\left(-\lambda_x\dfrac{\partial t}{\partial x}\mathrm{d}y\mathrm{d}z\right)\mathrm{d}x \\[2mm]
Q_y = -\lambda_y \dfrac{\partial t}{\partial y}\mathrm{d}x\mathrm{d}z, & Q_{y+\mathrm{d}y}=Q_y+\dfrac{\partial Q}{\partial y}\mathrm{d}y=Q_y+\dfrac{\partial}{\partial y}\left(-\lambda_y\dfrac{\partial t}{\partial y}\mathrm{d}x\mathrm{d}z\right)\mathrm{d}y \\[2mm]
Q_z = -\lambda_z \dfrac{\partial t}{\partial z}\mathrm{d}x\mathrm{d}y, & Q_{z+\mathrm{d}z}=Q_z+\dfrac{\partial Q}{\partial z}\mathrm{d}z=Q_z+\dfrac{\partial}{\partial z}\left(-\lambda_z\dfrac{\partial t}{\partial z}\mathrm{d}x\mathrm{d}y\right)\mathrm{d}z
\end{cases}
\tag{3.2}
$$

式中，$\mathrm{d}x$、$\mathrm{d}y$、$\mathrm{d}z$ 分别为所选取微元六面体的长、宽、高；λ_x、λ_y、λ_z 分别为微元六面体在 x、y、z 三个方向上的导热率；Q_x、Q_y、Q_z 分别为某时刻沿着 x、y、z 三个方向流入微元六面体的热量；$Q_{x+\mathrm{d}x}$、$Q_{y+\mathrm{d}y}$、$Q_{z+\mathrm{d}z}$ 分别为该时刻沿着 x、y、z 三个方向流出微元六面体的热量。

根据能量守恒定律，单位时间内该微元六面体的热量变化等于其内部产生的热量加上外部流入的热量，再减去流出的热量。结合式（3.2），微元六面体的瞬态温度场微分方程可表示为[8]

$$
\rho_w c_w \frac{\partial T_w}{\partial t}=\frac{\partial}{\partial x}\left(\lambda_x\frac{\partial T_w}{\partial x}\right)+\frac{\partial}{\partial y}\left(\lambda_y\frac{\partial T_w}{\partial y}\right)+\frac{\partial}{\partial z}\left(\lambda_z\frac{\partial T_w}{\partial z}\right)+\dot{\Phi}_w
\tag{3.3}
$$

式中，ρ_w 为微元六面体材料的密度；c_w 为微元六面体材料的比热容；T_w 为微元六面体的瞬时温度；$\dot{\Phi}_w$ 为微元六面体单位体积的发热功率。

磁流变液制动器处于制动工况下，其内部产生的热量主要来源于磁流变液的剪切发热和线圈的工作发热。制动盘与磁流变液之间剪切摩擦产生的热量可以等效于车辆减少的行驶动能，其是磁流变液制动器的主要热源。在车辆制动 t 时刻、Δt 时间段内，车辆行驶动能的减少量 $\Delta E(t)$ 可表示为

$$
\Delta E(t)=\frac{1}{2}G_m\{(v_0-at)^2-[v_0-a(t+\Delta t)]^2\}=\frac{1}{2}G_m a\Delta t(2v_0-2at-a\Delta t)
\tag{3.4}
$$

式中，v_0 为车辆制动初速度；a 为车辆制动减速度。

结合式（3.4），在车辆制动 t 时刻、Δt 时间段内，车辆的动能损失功率 P_m 可表示为

$$P_m = \frac{\Delta E(t)}{\Delta t} = \frac{1}{2} G_m a (2v_0 - 2at - a\Delta t) = G_m a (v_0 - at) \tag{3.5}$$

根据欧姆定律可知，磁流变液制动器工作时线圈的发热功率 P_c 可表示为

$$P_c = I^2 R_c \tag{3.6}$$

式中，I 为线圈电流；R_c 为线圈电阻。

根据所设计线圈的结构特点，其电阻 R_c 可表示为

$$R_c = \frac{N\pi \overline{d} \rho_c}{S_c} \tag{3.7}$$

式中，N 为线圈匝数；$\overline{d}$ 为线圈导线的平均直径；S_c 为线圈导线的横截面积；ρ_c 为导线材料的电阻率。

磁流变液制动器工作时，由于温差的存在制动器壳体表面与周围环境间存在对流换热。根据牛顿冷却定律，对流换热功率 P_a 可表示为

$$P_a = h_a S_u (T_u - T_e) \tag{3.8}$$

式中，h_a 为对流换热系数；S_u 为制动器壳体表面的换热面积；T_u 为制动器壳体表面的温度；T_e 为周围环境的温度。

结合式（3.5）~式（3.8），根据能量守恒定律可得其功率表示形式为

$$P_m + P_c - P_a = \sum c_i m_i \frac{dT_i}{dt} \tag{3.9}$$

式中，c_i、m_i、dT_i/dt 分别为制动器各部分材料的比热容、质量和温度变化率。

3.2.2 瞬态温度场仿真模型

以多盘式磁流变液制动器为研究对象，对其进行适当简化，忽略轴承、键槽、螺栓以及密封件等对温度场的影响，得到简化后的磁流变液制动器瞬态温度场仿真模型如图 3.7 所示。

在仿真前，需要在软件中导入磁流变液制动器各部分材料的热物性参数。表 3.1 所示为磁流变液制动器各部分所用材料不锈钢 0Cr18Ni9、20 钢、纯铜 Cu、空气以及磁流变液 MRF2035 的热物性参数。

表 3.1 磁流变液制动器各部分所用材料的热物性参数

材料	热导率/($W \cdot m^{-1} \cdot K^{-1}$)	密度/($kg \cdot m^{-3}$)	比热容/($J \cdot kg^{-1} \cdot K^{-1}$)
不锈钢 0Cr18Ni9	14	7900	510
20 钢	48	7850	480
纯铜 Cu	393	8900	390
磁流变液 MRF2035	1	3090	1000

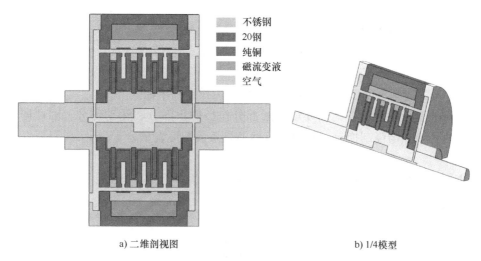

a) 二维剖视图	b) 1/4模型

图 3.7 磁流变液制动器的瞬态温度场仿真模型

在瞬态温度场仿真模型的基础上，采用四面体网格单元对其进行网格划分，得到磁流变液制动器有限元网格划分结果如图 3.8 所示，整个仿真模型共有 4490183 个网格单元。

设定磁流变液制动器的初始温度等于环境温度 25℃，制动过程中，作用于磁流变液制动器上的热载荷有：线圈区域生热率、各个工作间隙区域生热率以及制动器和周围环境间的辐射和对流换热。在 Workbench 仿真平台中，热载荷和边界条件可以以常量或者函数表达式的形式导入[9]。本仿真中，线圈区域生热率以常量导入，而各个工作间隙区域生热率以函数表达式导入。

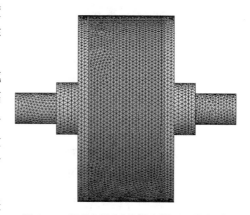

图 3.8 磁流变液制动器有限元网格划分

假定车辆制动时减少的行驶动能全部转化为制动盘和磁流变液之间的剪切摩擦热量，则工作间隙区域生热率 ϕ_m 可表示为

$$\phi_m = P_m / V_m \qquad (3.10)$$

式中，V_m 为制动器中磁流变液的体积。

假定线圈的发热功率全部转化为线圈区域的温升，则线圈区域生热率 ϕ_c 可表示为

$$\phi_c = P_c / V_c \tag{3.11}$$

式中，V_c 为线圈体积。

根据所设计线圈的结构特点，其体积可表示为

$$V_c = \pi b_c (r_{c_2}^2 - r_{c_1}^2) \tag{3.12}$$

式中，b_c 为线圈宽度；r_{c_1} 为线圈内半径；r_{c_2} 为线圈外半径。

磁流变液制动器与周围环境接触部分包括静止部分和运动部分，因此同时存在自然换热与强制换热。其中，自然换热系数 δ_s 可表示为

$$\delta_s = \delta_c + \delta_r \tag{3.13}$$

式中，δ_c 为自然对流换热系数；δ_r 为辐射换热系数。

根据文献 [10]，取 $\delta_s = 9.7 \mathrm{W} \cdot \mathrm{m}^{-2} \cdot {}^{\circ}\mathrm{C}^{-1}$。

强制换热系数 δ_k 可表示为[11]

$$\delta_k = 28 \left(1 + \sqrt{\frac{0.45 \pi \overline{n}_s d_s}{60}} \right) \tag{3.14}$$

式中，d_s 为旋转表面的平均直径；$\overline{n}_s$ 为旋转轴的平均转速。

为了尽可能符合汽车实际制动情况，选择如图 3.9 所示的三种不同制动模式下进行瞬态温度场仿真。其中，模式一的制动减速度为 $2.5\mathrm{m/s^2}$；模式二的制动减速度为 $5.5\mathrm{m/s^2}$；模式三的制动减速度为：$1 \sim 3\mathrm{s}$ 时为 $3.5\mathrm{m/s^2}$、$5 \sim 8\mathrm{s}$ 时为 $2\mathrm{m/s^2}$、$10 \sim 13\mathrm{s}$ 时为 $2\mathrm{m/s^2}$、$15 \sim 16.6\mathrm{s}$ 时为 $2\mathrm{m/s^2}$。

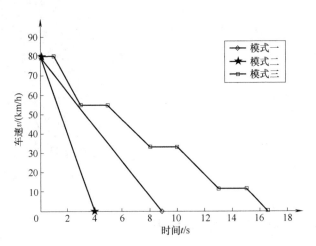

图 3.9　三种不同制动模式下车速随时间变化情况

结合式（3.5）和式（3.10）以及磁流变液制动器的结构参数，可以计算得到三种不同制动模式下工作间隙区域生热率随时间变化如图 3.10 所示。结合式（3.5）~式（3.14），可以计算得到边界条件中各参数的具体数值见表 3.2。

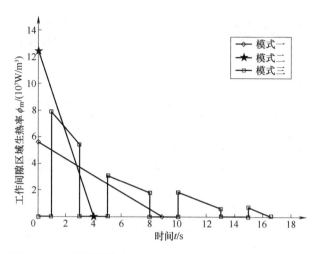

图 3.10 不同制动模式下工作间隙区域生热率随时间变化

表 3.2 边界条件各参数及数值

区域	边界条件参数	数值		
		模式一	模式二	模式三
线圈	发热功率 P_c/W	105.44	237.24	105.44
	生热率 ϕ_c/(W/m^3)	8.5584×10^4	1.9256×10^5	8.5584×10^4
工作间隙	动能损失功率 P_m/kW	$P_m = G_m a(v_0 - at)$		
	生热率 ϕ_m/(W/m^3)	$\phi_m = P_m/V_m$		
静止壳体外表面	环境温度 T_e/℃	25		
	换热系数 δ_s/(W·m^{-2}·℃$^{-1}$)	9.7		
旋转轴外表面	旋转轴平均转速 $\overline{n}_s$/(r/min)	442		
	换热系数 δ_k/(W·m^{-2}·℃$^{-1}$)	45.61		

3.2.3 瞬态温度场仿真结果及分析

图 3.11 所示为模式一和模式二制动工况下，制动结束时刻磁流变液制动器温度场分布云图。从图 3.11a 可以看出，在制动结束时刻 8.88s，制动器最高内部温度位于内部制动盘处，温度次高的区域在导磁板和磁流变液处。这是由于制动盘和导磁板位于制动器最内部，其散热性能相比于其他区域稍差一些；图 3.11b 中，在制动结束时刻 4.03s，最高温度位于内部工作间隙的磁流变液处，温度次高区域在制动盘处。相比于模式一制动工况，其温度场分布略有不同，这是因为模式二工况的制动时间较短，工作间隙区域产生的热量不能够及时向外围扩散，故此处的温度较高。

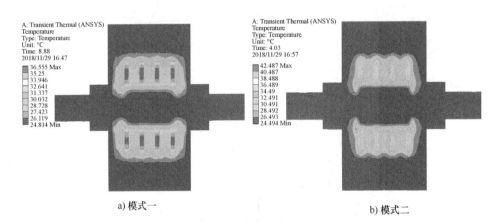

a) 模式一　　　　　　　　　　　　　　　b) 模式二

图 3.11　制动结束时刻磁流变液制动器温度场分布云图

图 3.12 所示为整个制动过程中磁流变液制动器内部最高温度随时间变化曲线。图 3.12a 中，制动器处于模式一制动工况下，其内部最高温度随时间呈先迅速上升后缓慢衰减的态势，在 3.66s 达到最高温度 43.2℃，并在制动结束时（8.88s）下降至 36.5℃。这是由于制动初期车辆速度较高，其动能损失功率远大于换热功率，因而此阶段制动器内部温度上升较为迅速；在图 3.12b 中模式二制动工况下，制动器内部最高温度同样呈先迅速上升后缓慢衰减的态势，但在制动初期其温升速度较模式一更快，在 1.77s 达到最高温度 54.1℃，并在制动结束时（4.03s）下降至 42.4℃。

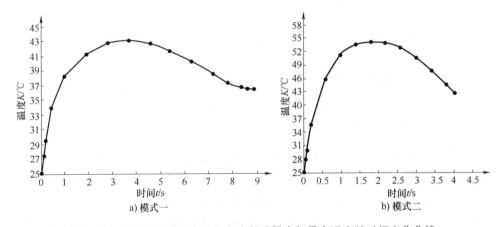

a) 模式一　　　　　　　　　　　　　　　b) 模式二

图 3.12　整个制动过程中磁流变液制动器内部最高温度随时间变化曲线

当磁流变液制动器处于模式三工况下，得到不同时刻磁流变液制动器温度场分布云图以及制动器内部最高温度随时间变化曲线分别如图 3.13 和图 3.14 所示。整个制动过程中，制动器内部温度较高的区域仍位于制动盘和磁流变液处，这是由于制动盘被磁流变液所包覆，而磁流变液的导热性能相对较差所致。图 3.14 中，在 1s 时刻制动器介入制动，其内部最高温度逐渐上升；当制动器停止制动后，其内部积聚的热量开始向外围扩散导致最高温度值逐渐下降。具体来说，在制动器介入制动时刻 3.01s、8s 和 13.03s，最高温度值分别为 47.8℃、39.4℃ 和 36.6℃；而当制动器停止制动的 4.99s、10.15s 和 16.6s 三个时刻，最高温度值分别降至 33.1℃、35.3℃ 和 35.2℃。

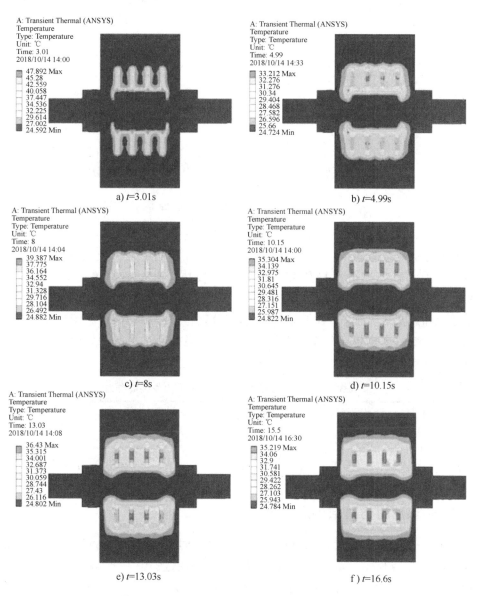

a) t=3.01s

b) t=4.99s

c) t=8s

d) t=10.15s

e) t=13.03s

f) t=16.6s

图 3.13　模式三工况下不同时刻磁流变液制动器温度场分布云图

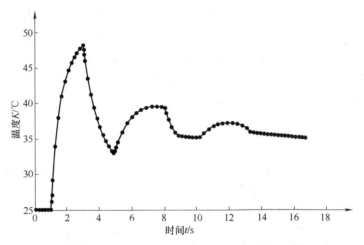

图 3.14　模式三工况下制动器内部最高温度随时间变化曲线

3.3　磁流变液制动器热应力与热应变场仿真分析

由 3.2 节中的仿真结果可得，三种不同制动模式下制动器内部最高温度分别可达 43.2℃、54.1℃和47.8℃。由于工作间隙区域的垂直厚度只有 1.5mm，有必要考虑热载荷导致的制动盘变形对于制动性能的影响。利用 Workbench 仿真平台中的瞬态热分析模块和结构静力学模块，进行热固单向耦合仿真分析[12,13]。仿真前，需在材料属性中补充所用材料的力学性能参数（含弹性模量、泊松比和热膨胀系数），见表 3.3；随后，分别将三种制动模式下制动器内部最高温度时刻的热载荷导入静力学仿真模型中；最后通过求解和后处理，即可得到不同制动模式下制动器内部的热应力和热应变分布。

表 3.3　磁流变液制动器各部分材料的力学性能参数

材料	弹性模量 E/GPa	泊松比 μ	热膨胀系数 α_t/(℃$^{-1}$)
0Cr18Ni9	206	0.3	1.66×10^{-5}
20 钢	201	0.3	1.22×10^{-5}
Cu	108	0.31	1.72×10^{-5}

3.3.1　热应力仿真结果及分析

模式一制动工况下，在 3.66s 内部温度最高时磁流变液制动器的热应力分布云图如图 3.15 所示。从图 3.15 中可以看出，制动过程中由于制动盘区域积聚热量不易扩散，在热载荷作用下制动盘较其他部位会产生较大的热应力，最大应力值为43MPa，该值远低于制动盘所用材料20钢的许用应力。而在模式二和模式三工况下，制动器内部热应力分布规律与模式一工况下基本一致，较大的热应力仍然集中于制动盘区域，在内部温度最高时刻 1.77s 和 3s 对应的制动盘最大应力分别为 57MPa 和 34MPa。

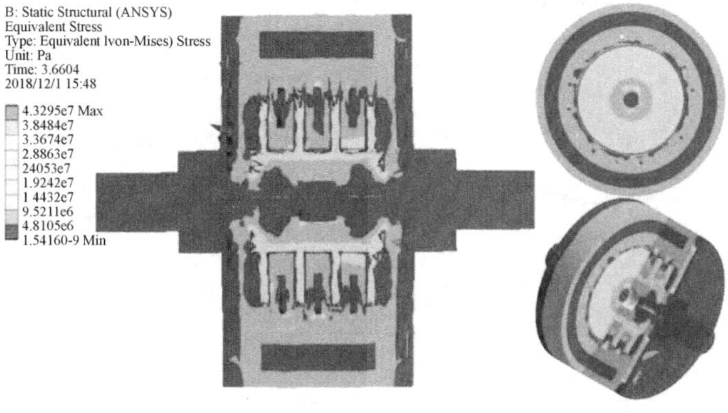

图 3.15　模式一工况下磁流变液制动器热应力分布云图

3.3.2　热应变仿真结果及分析

考虑到工作间隙的宽度仅有 1.5mm，若制动盘的变形量过大会影响制动器的制动稳定性。图 3.16 为模式一制动工况下，在 3.66s 内部温度最高时磁流变液制动器的热应变分布云图，由图可见，制动器内部热应变较大区域仍位于制动盘处。图 3.17 所示为三种制动模式下制动盘轴向变形量沿径向分布情况，图中，模式一~模式三三种工况下的制动盘轴向最大形变均出现在左边第一个制动盘上，其值分别为-5.76 μm、-7.42 μm 和-5.98 μm；而内部两个制动盘的轴向变形量相对较小。总体而言，三种不同制动模式下的制动盘变形量均很小，并不会对磁流变液制动器的制动性能产生明显影响。

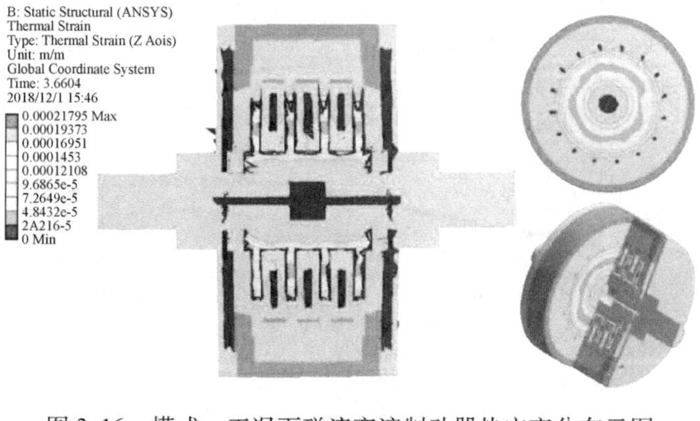

图 3.16　模式一工况下磁流变液制动器热应变分布云图

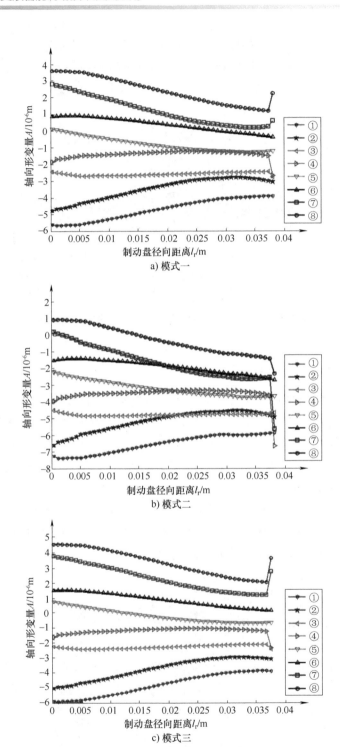

a) 模式一

b) 模式二

c) 模式三

图 3.17　三种制动模式下制动盘轴向变形量沿径向分布情况

3.4　磁流变液制动器散热管路流场仿真分析

考虑到磁流变液制动器在长时间工作后，其内部温度可能会超过磁流变液的许用温度范围，从而导致制动性能大幅下降。因此，在磁流变液制动器设计时，其内部包含散热管路，其结构示意图如图 3.18 所示。在进水口注入冷却液，通过冷却液将制动器内部积聚的热量带走从而降低工作间隙温度。考虑到制动器内部零件多选用 20 钢，为避免生锈冷却液选用 DX-2 型乳化液。

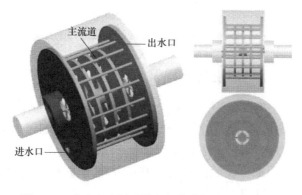

图 3.18　磁流变液制动器内部散热管路结构示意图

为了验证磁流变液制动器内部散热管路的散热性能，利用 Workbench 仿真平台中的 FLUENT 模块，对散热管路中的乳化液进行流场仿真分析[14,15]。在仿真前设置如下边界条件：入口流速 1m/s、入口温度 25℃、出口压力 0Pa。此外，还需在软件中定义壁面条件、湍流模型、湍流强度、收敛残差和迭代步数等参数。通过求解和后处理，即可得到制动器内部散热管路中乳化液的流速矢量分布和压力场分布。

3.4.1　散热管路速度场仿真结果及分析

当入口流速设定为 1m/s 时，磁流变液制动器内部乳化液的流速矢量如图 3.19 所示，从图中可以看出，制动器散热管路出口处的流速最大，最高可达 1.36m/s。而在散热管路的主流道处，乳化液的平均流速为 0.408m/s，表明散热管路左右两部分之间具有较好的流动性。由于左导磁盘和右导磁盘之间的区域位于散热管路的末端，该区域乳化液的流动性较差一些，平均流速仅为 0.136m/s。

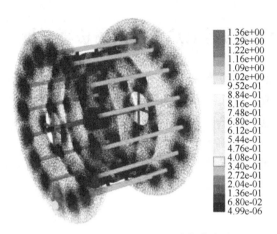

图 3.19　磁流变液制动器内部乳化液流速矢量

3.4.2　散热管路压力场仿真结果及分析

当入口流速设定为 1m/s 时，磁流变液制动器内部乳化液的压力场分布如图 3.20 所示，由图可见，制动器散热管路出口附近区域的压力最大，最高可达 7.05kPa。而在主流道的入口及出口处，平均压力分别为 3.53kPa 和 4.59kPa。这说明散热管路右边部分区域的压力要高于左边部分区域，因此在选用密封件时要以最高处压力为基准。

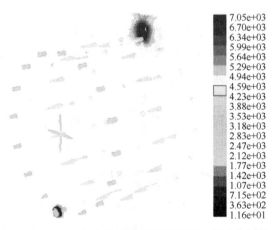

图 3.20　磁流变液制动器内部乳化液压力场分布图

参 考 文 献

［1］　兵器工业无损检测人员技术资格鉴定考核委员会. 常用钢材磁特性曲线速查手册［M］.

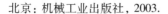

北京：机械工业出版社，2003.

［2］ FALCAO D L L. Design of a magnetorheological brake system ［D］. Victoria, Canada：University of Victoria, 2004.

［3］ 郑军，张光辉，曹兴进. 热管式磁流变传动装置的设计与试验 ［J］. 机械工程学报，2009, 45 （7）：305-311.

［4］ 郑祥盘，陈凯峰，陈淑梅. 曳引电梯磁流变制动装置的温度特性研究 ［J］. 中国机械工程，2016, 27 （16）：2141-2147.

［5］ 王道明. 大功率磁流变传动技术及温度效应研究 ［D］. 徐州：中国矿业大学，2014.

［6］ PARK E J, STOIKOV D, LUZ L F D, et al. A performance evaluation of an automotive magnetorheological brake design with a sliding mode controller ［J］. Mechatronics, 2006, 16 （7）：405-416.

［7］ PATIL S R, POWAR K P, SAWANT S M. Thermal analysis of magnetorheological brake for automotive application ［J］. Applied Thermal Engineering, 2016, 98：238-245.

［8］ 黄健萌，高诚辉，唐旭晟，等. 盘式制动器热-结构耦合的数值建模与分析 ［J］. 机械工程学报，2008, 44 （2）：145-151.

［9］ 石彬彬，张永刚. ANSYS 工程结构数值分析方法与计算实例 ［M］. 北京：中国铁道出版社，2015.

［10］ 丁舜年. 大型电机的发热与冷却 ［M］. 北京：科学出版社，1992.

［11］ 王明权，易传云. 划片机气静压电主轴热变形的有限元分析 ［J］. 电子工业专用设备，2007, 36 （4）：39-44.

［12］ 张法生. 地铁车辆磁流变制动技术研究 ［D］. 成都：西南交通大学，2014.

［13］ 周炬，苏金英. ANSYS Workbench 有限元分析实例详解：静力学 ［M］. 北京：人民邮电出版社，2017.

［14］ 朱红钧，林元华，谢龙汉. FLUENT 流体分析工程案例精讲 ［M］. 北京：电子工业出版社，2013.

［15］ 郭源帆. 电梯磁流变液制动器多物理耦合分析与实验研究 ［D］. 福州：福州大学，2014.

第4章 磁流变液制动器的制动力稳定控制策略研究

磁流变液制动器工作过程中由于多种因素的复杂作用会导致其输出制动力矩存在不稳定现象，对制动稳定性和制动力的精确控制造成不利影响。因此，需要研究具有精度高、简单可控且动态响应速度快等特点的制动力高效稳定控制策略。本章利用系统辨识的方法获得磁流变液制动器的制动力矩与激励电流之间的传递函数，针对制动力矩输出不稳定问题，分别提出基于 Z-N 法参数整定的常规 PID 和基于遗传算法优化的 BP 神经网络 PID 的制动力稳定控制策略，并运用 MATLAB/SIMULINK 软件对两种控制策略的控制效果进行仿真对比，最后通过实验验证了制动力稳定控制策略的有效性。通过本章研究，以期提高磁流变液制动器制动力输出的稳定性，为其在实际应用中的高效精确控制提供基础。

4.1 制动力控制数学模型

磁流变液制动器的制动力矩包括磁致制动力矩和黏性制动力矩，其中，黏性制动力矩由磁流变液的黏度和工作转速共同决定，不能够对其进行调节控制；而励磁电流是决定磁致制动力矩的唯一可控因素，可以通过合适的控制算法对其进行调节。因此，通过调节磁致制动力矩可实现制动器工作过程中制动力矩稳定控制的目的。

目前，尚无法使用控制工程理论和系统动力学等相关知识构建磁流变液制动器的磁致制动力矩的动态响应模型，因此基于自回归技术原理构建磁流变液制动器的磁致制动力矩的动态响应模型[1]，即

$$y(t) = -a_1 y(t-1) - a_2 y(t-2) - \cdots - a_n y(t-n) + b_1 u(t-1) + \cdots + b_m u(t-m) \quad (4.1)$$

式中，$y(t)$、$u(t)$ 分别表示 t 时刻输入、输出量的观测值，a_n、b_m 分别表示输入量、输出量的系数。n，$m = 1$，2，$\cdots$。

根据式（4.1）可以得到磁流变液制动器磁致制动力矩的动态响应模型，该模型的输入为磁致制动力矩的理论值 T_s，输出为磁致制动力矩的测量值 T，即

$$T(t) = -a_1 T(t-1) - \cdots - a_n T(t-n) + b_1 T_s(t-1) + \cdots + b_m T_s(t-m) \quad (4.2)$$

式中，$T(t)$ 为 t 时刻磁致制动力矩的测量值；$T_s(t)$ 为 t 时刻励磁电流为 $I(t)$

时磁致制动力矩的理论值，其具体表达式可通过磁致制动力矩与激励电流之间的对应关系拟合而得。

以磁致制动力矩的测量值 $T(t)$ 作为系统的输出数据，以激励电流 $I(t)$ 作为系统的输入数据，运用 MATLAB 的系统辨识工具求解两者的传递函数。系统辨识主要步骤为：首先将系统需要辨识的数据加载到 MATLAB 工作空间，并配置采样周期，然后对系统模型进行基本配置，最后进行辨识求解得到系统辨识结果。图 4.1 为系统辨识结果，系统辨识的最佳拟合（best fits）达到了 87.41%，具有良好的拟合度。

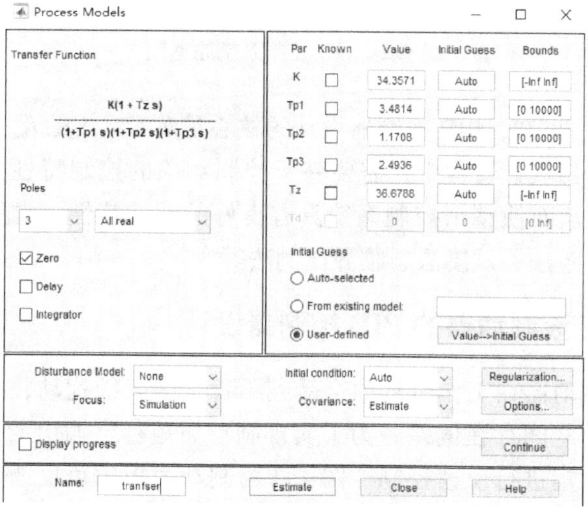

图 4.1　系统辨识结果

磁流变液制动器磁致制动力矩与激励电流之间的传递函数为

$$G(s) = \frac{34.3571(1+36.6788s)}{(1+3.4814s)(1+1.1708s)(1+2.4936s)} \tag{4.3}$$

4.2　基于 Z-N 法的常规 PID 控制器设计

4.2.1　常规 PID 控制原理

PID 控制是一种最常用的控制技术，具有结构简单、调节方便等优点[2]。图 4.2 为 PID 控制系统原理图，其工作原理为：以期望目标 $r(t)$ 与输出测量值 $y(t)$ 进行比较得到偏差 $e(t)$，然后对偏差进行比例、微分、积分线性叠加后，将得到的结果 $u(t)$ 传输到控制对象，导致偏差无限趋近于 0，从而调节整个控制系统。PID 控制器的控制方程为

$$u(t) = K_{\mathrm{p}}e(t) + K_{\mathrm{i}}\int_0^t e(t) + K_{\mathrm{d}}\frac{\mathrm{d}e(t)}{\mathrm{d}t} \tag{4.4}$$

式中，K_{p}、K_{i}、K_{d} 分别为比例、积分、微分系数，这三个参数决定了 PID 控制器的控制性能，对整个系统的控制效果非常重要。

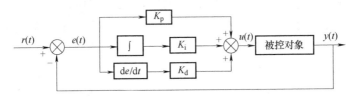

图 4.2　PID 控制系统原理图

由式（4.4）可知，PID 控制器设计的核心是对 K_{p}、K_{i}、K_{d} 三个参数进行整定。在 PID 控制器设计过程中，需要基于控制对象的控制特性，合理整定出三个参数的大小，从而使整个控制系统具有良好的动态特性，常用的整定法主要包括 Z-N 参数整定法、试凑法、临界比例法等[3,4]。

4.2.2　磁流变液制动器的 PID 控制器设计

磁流变液制动器在工作过程中会受到不稳定因素的扰动，导致其制动力矩实际值与期望值之间存在偏差，为了实现制动力矩稳定输出的目的，选用 PID 控制器对制动力矩进行反馈控制。图 4.3 为制动力矩的负反馈控制原理图，将制动力矩期望值作为输入变量，将扭矩传感器测得的制动力矩实际值反馈到控制系统中，将两者的偏差输入 PID 控制器并得到系统的控制量，将其作为输入量提供给电源驱动器和磁流变液制动器的控制模块，从而调节制动力矩。

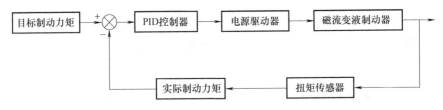

图 4.3　基于 PID 的制动力矩负反馈控制原理图

4.2.3　基于 Z-N 法的 PID 参数整定

依据式（4.3）和图 4.3，在 SIMULINK 仿真环境中建立了基于常规 PID 控制的磁流变液制动器制动力矩闭环控制系统，如图 4.4 所示。

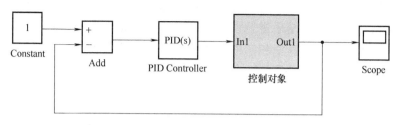

图 4.4　常规 PID 控制器

为了得到图 4.4 中 PID 控制器的 K_p、K_i、K_d 三个控制参数，使控制系统响应快且超调量小，选用 Z-N 法进行 PID 参数整定，主要步骤为[5]：①建立闭环负反馈控制回路，初始时仅考虑比例系数对控制回路的作用，不断调整 K_p，直到系统做周期性振荡，此时 K_p 为临界增益 K_u，振荡周期为临界周期 T_u；②根据步骤①获得的临界增益 K_u 和临界周期 T_u，依据表 4.1 所示的 Z-N 参数公式计算 PID 控制器的参数。

表 4.1　Z-N 参数公式

控制器	K_p	K_i	K_d
P	$0.5K_u$	0	0
PI	$0.45K_u$	$0.85T_u$	0
PD	$0.8K_u$	0	$0.125T_u$
PID	$0.6K_u$	$0.5T_u$	$0.125T_u$

4.3　基于 BP 神经网络的 PID 控制器设计

由于磁流变液制动器控制系统具有不确定、非线性等特点，无法使用控制工程原理等理论构建其精确的数学模型，故选用常规 PID 控制器对其进行控制时往往效果不佳。针对一些非线性、不确定性的控制系统，BP 神经网络为其提供了良好的解决方案，它能够实现输入输出的非线性关系，并且可实时感受到系统运行工况的变化而自动调整 PID 的三个控制参数，从而使控制系统的性能达到最优[6]。故选用能够根据工况实时调整控制参数的 BP 神经网络 PID（即 BP-PID）控制器对磁流变液制动器进行制动力稳定控制。

4.3.1　BP 神经网络结构

图 4.5 为 3 层 BP 神经网络结构。BP 神经网络是在学习过程中不断修正权值和阈值的前馈网络，其算法包括正向传播和误差反馈两个步骤[7]。正向传播主要用于获得每个神经元的输出数据，系统的输入数据经过多层传递计算后得

到系统的输出数据；误差传递主要用于修正每个神经元的权值和阈值，将每次得到的输出结果与期望结果进行误差分析，并与初始设定的误差进行对比，选择修正各层神经网络的权值和阈值，并通过不断调整各个神经元的权值和阈值使得输出值与期望值的误差在初始设定范围内。

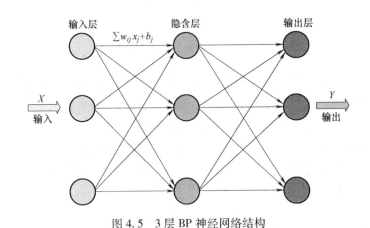

图 4.5 3 层 BP 神经网络结构

4.3.2 BP-PID 控制器结构

图 4.6 为 BP-PID 控制器结构，主要由 BP 神经网络和常规 PID 控制器组成，BP-PID 控制器将系统存在的控制偏差反向传递到各层神经元，通过 BP 算法逐步修正权值，不断调整输给 PID 控制器的三个参数，从而使系统的控制偏差无限趋近于零[8]。BP-PID 控制的算法步骤为：①确定网络结构、初始权值、学习速率、惯性系数，此时 $k=1$；②采样获得 $r(k)$ 和 $y(k)$，计算该时刻的误差值 $e(k)=[r(k)-y(k)]/2$；③计算每层的输入和输出。输出层输出 PID 控制器的控制参数；④依据式（4.4）计算 $u(k)$，将 $u(k)$ 的值反馈到被控对象；⑤修正各层神经元的权值和阈值，自适应调整 PID 控制参数；⑥置 $k=k+1$，返回到步骤②。

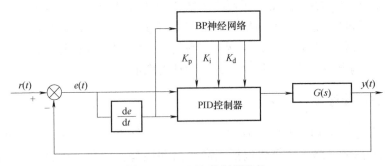

图 4.6 BP-PID 控制器结构

4.3.3 基于遗传算法优化 BP 神经网络

由前文分析可知，网络初始权值的选取会影响 BP 神经网络的性能，进而对 BP-PID 控制器的控制性能产生较大影响。通常情况下，初始权值通过反复实验随机选取，具有一定的随机性，不太容易获得比较理想的初始值，即使找到了理想的初始值也很难保证控制器为最优。因此，选择遗传算法优化 BP 神经网络各层神经元的初始权值，其优化流程如图 4.7 所示。

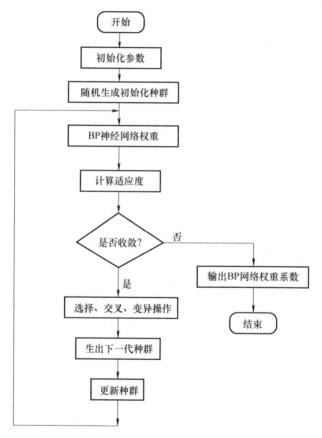

图 4.7　基于遗传算法优化 BP 神经网络流程图

（1）个体。设定输入层、隐含层、输出层的神经元个数分别为 n、z、q，则需要优化的神经元的初始权值总数为 $w=z(n+q)$，即遗传算法的个体总数为 w。

（2）适应度函数。为了使系统具有良好的动态控制响应特性，选用误差 $e(t)$、输出量 $u(t)$、上升时间 t_r 作为衡量个体优劣的性能指标，其适应度函数为

$$\theta = \int_0^\infty (\eta_1 |e(t)| + \eta_2 u^2(t))\mathrm{d}t + \eta_3 t_r \qquad e(t) \geqslant 0 \qquad (4.5)$$

式中，η_1、η_2、η_3 为权值。

为了防止系统在控制器的作用下发生超调现象，采用惩罚方法建立评价个体优劣的适应度函数，即系统一旦发生超调现象，选择误差作为衡量个体优劣的最优性能指标，则适应度函数为

$$\theta = \int_0^\infty (\eta_1 |e(t)| + \eta_2 u^2(t) + \eta_4 |e(t)|) \mathrm{d}t + \eta_3 t_r \qquad e(t) < 0 \qquad (4.6)$$

式中，$\eta_1 \ll \eta_4$。

（3）遗传操作。求解出种群的适应度后，旧的种群经过选择、交叉、变异三个阶段处理后产生新的种群；新种群重新再使用适应度函数评价，周而复始，直到获得的个体能够使 BP-PID 控制器具有良好的控制性能为止。

4.4　仿真结果分析

基于 MATLAB/SIMULINK 软件对磁流变液制动器制动力矩的控制系统进行仿真，并对比上述两种控制策略的仿真结果。

4.4.1　单位阶跃信号下的仿真结果

结合磁流变液制动器制动力矩的控制系统特点，选用 Z-N 法得到常规 PID 控制器三个控制参数的具体数值分别为 $K_p = 0.2622$、$K_i = 0.8084$、$K_d = 0.2021$。以单位阶跃信号作为控制系统的仿真输入信号，设定仿真时间为 5s，仿真结果如图 4.8 所示。由图 4.8 可见，在无控制器的闭环反馈作用下，系统长期处于振荡状态，超调量约为 80%，调节时间较长；而在常规 PID 控制器作用下，系统的超调量为 3.8%，上升时间为 0.09136s，调整时间为 0.131s。因此，在常规 PID 控制器作用下系统的动态控制性能得到较大改善。

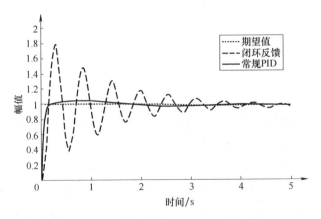

图 4.8　基于常规 PID 控制的系统单位阶跃响应

选取 4-5-3 型 BP 神经网络，其输入分别为期望值 r、实际值 y、偏差值 error、偏置项 1，输出为 PID 控制器的三个参数 K_p、K_i、K_d，设定学习速率为 0.2，惯性因子为 0.01，初始 BP 神经网络权值范围为（−10，10），种群数、进化代数、交叉概率、变异概率分别设定为 20、100、0.95、0.1，适应度函数式（4.5）和式（4.6）中的参数 η_1、η_2、η_3、η_4 分别设定为 0.99，0.01，100，100，仿真结果如图 4.9 所示。由图 4.9 可见，在 BP-PID 控制器的作用下，系统基本无超调量，上升时间为 0.0251ms，调节时间为 0.032ms。相对于常规 PID 的控制效果，系统的调节时间更短、响应速度更快、控制效果更好。表 4.2 为两种控制器作用下系统阶跃响应的动态性能指标。

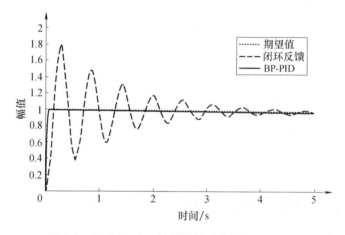

图 4.9　基于 BP-PID 控制器的系统单位阶跃响应

表 4.2　两种控制器作用下系统阶跃响应的动态性能指标

性 能 参 数	上升时间/s	超调量（%）	调节时间/s
闭环反馈	0.208	79.67	3.2345
常规 PID	0.09136	4	0.131
BP-PID	0.0251	0	0.032

4.4.2　扰动信号下的仿真结果

为了研究系统在干扰信号作用下两种控制器的响应特性，分别选择周期为 2s、幅值为 0.2 的等腰三角波信号和幅值为 0.2、频率为 5Hz 的正弦信号作为干扰信号加载到被控对象中，运用 MATLAB/SIMULINK 进行仿真分析，结果如图 4.10 所示。其中，所加载的两种干扰信号均是从 $t=1s$ 时开始、$t=5s$ 时结束。从图 4.10 中可以看出，当给被控对象加载干扰信号时，系统均会发生振荡，相对于常规 PID 控制器，BP-PID 控制器作用下系统振荡幅度更小、振荡周期更短。具体来说，常规 PID 控制作用下系统在 10s 时才能保持稳定，而在 BP-PID 控制器作用下约在 6s 时便能保持稳定状态。因此，BP-PID 控制器具有更好的控制效果，更能够满足磁流变液制动器制动力矩的高效稳定控制要求。

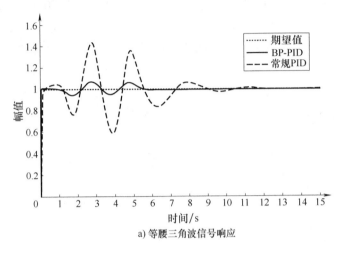

a) 等腰三角波信号响应

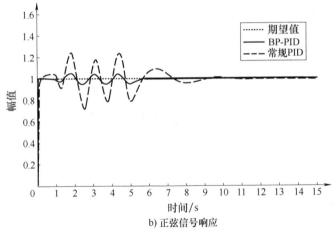

b) 正弦信号响应

图 4.10 干扰信号作用下两种控制器的响应曲线

4.5 磁流变液制动器输出制动力矩稳定控制实验

本节开展磁流变液制动器输出制动力矩稳定控制实验，研究磁流变液制动器在制动过程中保持稳定输出制动力矩的能力，并通过实验对比两种控制策略的控制效果。图 4.11 为实验控制系统，电流驱动器主要用于为励磁线圈提供目标电流，通过数据采集卡的 PWM 信号输出通道控制电流驱动器的输出电压，从而间接控制励磁线圈的输入电流，其中 PWM 信号占空比的大小由上位机程序计算得到。

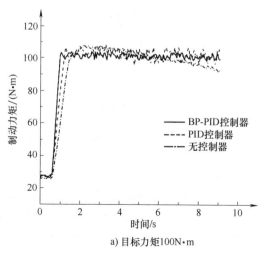

图 4.11　磁流变液制动器输出制动力矩稳定控制实验系统

　　磁流变液制动器输出制动力矩稳定控制实验结果如图 4.12 所示，从图中可以看出，磁流变液制动器的输出制动力矩在 BP-PID 控制器的作用下响应速度更快，其在目标输出制动力矩附近的波动较小。因此，相比于常规 PID 控制器，磁流变液制动器在 BP-PID 控制器的作用下输出制动力矩的稳定性能更好，响应速度更为迅速。

a) 目标力矩100N•m

图 4.12　磁流变液制动器输出制动力矩稳定控制实验结果

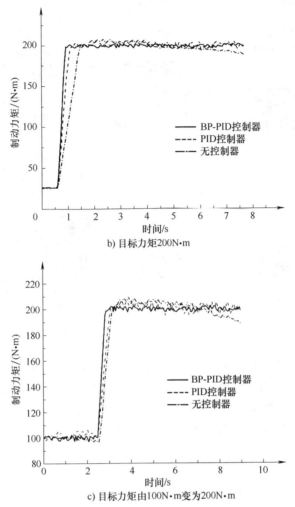

b) 目标力矩200N·m

c) 目标力矩由100N·m变为200N·m

图4.12　磁流变液制动器输出制动力矩稳定控制实验结果（续）

参 考 文 献

［1］　余建军. 基于分数阶 PID 算法的磁流变柔顺关节动态扭矩控制方法研究［D］. 杭州：浙江工业大学，2019.

［2］　刘金琨. 先进 PID 控制 MATLAB 仿真［M］. 北京：电子工业出版社，2004.

［3］　XIAO X, PENG A. Parameter tuning for PID controller based on grey relational analysis［J］. Journal of Convergence Information Technology，2012，7（8）：326-334.

［4］　宝永安. 基于智能算法的永磁同步电机调速系统 PID 参数整定［D］. 大连：大连交通大学，2015.

［5］　GOUD H, SWARNKAR P. Investigations on metaheuristic algorithm for designing adaptive PID controller for continuous stirred tank reactor ［J］. Mapan-Journal of Metrology Society of India, 2019, 34（1）：113-119.

［6］　王敬志, 任开春, 胡斌. 基于 BP 神经网络整定的 PID 控制 ［J］. 工业控制计算机, 2011, 24（3）：72-73.

［7］　ZHANG L. An upper limb movement estimation from electromyography by using BP neural network ［J］. Biomedical Signal Processing and Control, 2019, 49（3）：434-439.

［8］　REN H, HOU B, ZHOU G, et al. Variable pitch active disturbance rejection control of wind turbines based on BP neural network PID ［J］. IEEE Access, 2020, 71782-71797, DOI：10. 1109/ACCESS. 2020. 2987912.

第5章 磁流变液制动器的制动与散热性能实验研究

为了验证所设计磁流变液制动器的各项性能，本章将研制磁流变液制动器综合性能测试平台并进行相关实验测试，对其空载输出特性、制动性能、输出制动力矩特性、温度特性、速度跟随特性以及散热特性等展开实验研究，以期为磁流变液制动器的开发及性能评估提供实验基础。

5.1 磁流变液制动器综合性能测试平台研制

磁流变液制动器综合性能测试平台主要包括机械传动系统和数据采集与控制系统两大部分[1, 2]，其采用单端惯性飞轮式，结构示意如图5.1所示。其中，机械传动系统用于为磁流变液制动器提供各种不同的测试制动工况，主要由驱动电机、惯性飞轮组、转矩转速传感器和磁流变液制动器组成；数据采集与控制系统用于实时采集实验过程中的各参数信号，主要由变频器、程控稳流电源、上位机、数据采集卡、转矩转速检测模块、电流检测模块和温度检测模块组成。

5.1.1 机械传动系统硬件设计

机械传动系统的主要功能是为磁流变液制动器提供各种不同制动工况[3]，图5.2所示为机械传动系统的实物图。驱动电机是整个传动系统的动力来源，主要作用是模拟各种不同的制动初速度；惯性飞轮组用于模拟车辆行驶过程中的行驶动能；转矩转速传感器用于检测传动轴上的转矩和转速；飞轮防护罩用于防止实验过程中操作人员受到意外伤害。驱动电机的输出端与惯性飞轮组的输入端连接，惯性飞轮组的输出端与转矩转速传感器的输入端连接，转矩转速传感器的输出端与磁流变液制动器的输入端连接。上述连接均采用梅花联轴器，其可适当补偿安装过程中的轴向偏移，从而减小实验过程中装置的震动。

以某款A00级汽车作为目标车辆，通过高速旋转的惯性飞轮组来模拟车辆行驶过程中的平动动能。结合表5.1中目标车辆的主要参数，根据文献［4］，

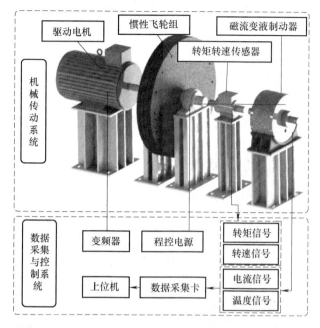

图 5.1　磁流变液制动器综合性能测试平台结构示意图

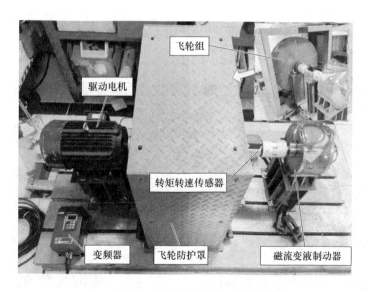

图 5.2　机械传动系统实物图

计算得到惯性飞轮组的转动惯量为 $12.77\mathrm{kg}\cdot\mathrm{m}^2$。本设计中惯性飞轮组由四个相同的均质圆盘组成，其材料是 HT200，主要参数如下：半径 0.34m、厚度 0.02m、质量 55kg。

表 5.1　某款 A00 级汽车的主要参数

参　数	数　值
车辆满载总质量/kg	1150
车辆轴距/m	2.34
重心至前轴距离/m	1.15
车辆满载时重心高度/m	0.55
轮胎滚动半径/m	0.24

5.1.2　数据采集与控制系统硬件设计

　　数据采集与控制系统的主要功能是在实验过程中提供各种输入信号并实时采集各传感器的输出信号，其实物如图 5.3 所示。实验中，利用变频器改变驱动电机的输入频率，从而改变其输出转速以模拟不同制动初速度；程控稳流电源用于给磁流变液制动器中的励磁线圈供电，通过改变程控稳流电源的输出电流即可调节磁流变液制动器的制动力矩；转矩转速检测模块包括转矩转速传感器和变送器，变送器将传感器输出的频率信号转换为数据采集卡可识别的电压信号；温度检测模块包括铂电阻芯和温度变送器，温度变送器将铂电阻芯输出的电阻信号转换为数据采集卡可识别的电压信号；电流检测模块用于检测磁流变液制动器的励磁线圈电流；数据采集卡用于采集转矩转速检测模块、电流检测模块和温度检测模块输出的电压信号，并传输至上位机中以便于后续的数据处理和分析。

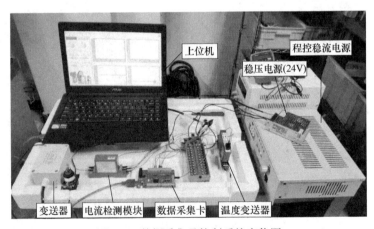

图 5.3　数据采集及控制系统实物图

5.1.3　主要仪器和设备

　　该测试平台中的仪器与设备主要有三相异步电动机、变频器、转矩转速传感器、数据采集卡、温度检测模块、程控稳流电源和水冷散热装置等[5,6]，其具体选型和主要参数见表5.2。

表5.2　主要设备具体选型与参数

设　　备	型　　号	主　要　参　数
三相异步电动机	Y132M-4	额定功率7.5kW，最高转速1440r/min
变频器	8000B-4T7R5GB	额定功率7.5kW，输出频率0~600Hz
转矩转速传感器	YH502	精度<±0.25%FS，转矩±500N·m，转速0~2000r/min
数据采集卡	USB-DAQV1.1	ADC 16通道，DAC 4通道
温度检测模块	HS-G-T2PU1	精度0.3% FS，温度0~150℃
程控稳流电源	SC-1W	输出电压DC0~90V

基于LabVIEW开发出数据采集软件的监控界面如图5.4所示。运行之前，首先根据数据采集卡和检测模块之间的接线情况设置各个采集模块的信号通道；然后根据检测模块量程与输出电压信号之间的线性关系，设置各个采集模块的数值关系；最后启动系统进行预采集，对各个采集模块进行调零处理。

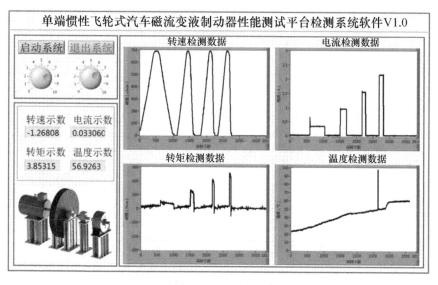

图5.4　数据采集软件的监控界面

5.2　磁流变液制动器制动力矩及响应性能实验

本节主要对磁流变液制动器的空载输出特性、制动性能、输出制动力矩特性展开实验测试。基本操作步骤如下：①根据实验需求设定程控稳流电源的输出电流值后断开励磁线圈回路，根据制动初速度要求调节变频器的输出频率；②启动数据采集软件开始采集数据，开启变频器通过驱动电机带动惯性飞轮组转动；③当转速达到等效制动初速度并保持 5s 后，关闭变频器并闭合励磁线圈回路，此时磁流变液制动器开始介入制动；④当惯性飞轮组停止转动后，断开励磁线圈回路并保存实验数据。

5.2.1 空载输出特性测试

考虑到磁流变液制动器工作过程中由于磁流变液本身黏性会产生一部分黏性制动力矩[7]，因此先进行空载输出特性测试。实验选定三种不同制动初速度，分别为 20km/h、40km/h 和 60km/h，励磁线圈电流为 0。图 5.5 所示为当励磁线圈电流 $I=0$ 时，不同制动初速度下车速随时间的变化曲线。在整个制动过程中，由于黏性制动力矩随车速降低而下降，制动减速度呈现逐渐减小的趋势，并且相同时刻的制动减速度随制动初速度的增大而增大。当制动初速度分别为 20km/h、40km/h 和 60km/h 时，对应制动时间则分别为 34.8s、59.6s 和 85.2s。

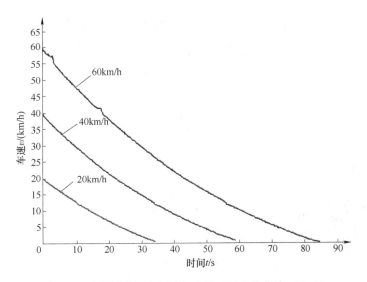

图 5.5 不同制动初速度下车速随时间变化曲线（$I=0$）

图 5.6 为当励磁线圈电流 $I=0$ 时，不同制动初速度下制动力矩随时间的变化曲线。在整个制动过程中，制动力矩随制动时间的增加呈现逐渐下降的趋势，并且相同时刻的制动力矩也随制动初速度的增大而增大。根据式（2.1），当制动器的结构参数和磁流变液的零场黏度一定时，黏性制动力矩值

只与制动盘的角速度相关。因此，黏性制动力矩随车速的降低而减小，这与图中结果相符。

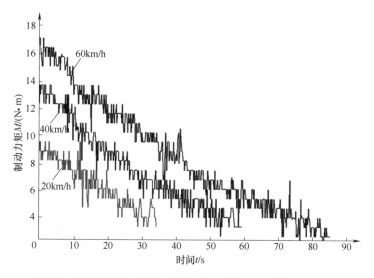

图5.6　不同制动初速度下制动力矩随时间变化曲线（$I=0$）

5.2.2　制动性能实验

为了验证磁流变液制动器的实际制动效果，进行制动性能实验[8]。实验选定三种不同制动初速度 20km/h、40km/h 和 60km/h，励磁线圈电流分别为 0.3A、0.6A、0.9A、1.2A、1.5A、1.8A 和 2.1A。图 5.7 所示为当制动初速度为 20km/h 时，不同线圈电流下车速随时间的变化曲线，由图可见，当线圈电流恒定时，整个制动过程中制动减速度基本保持不变，这说明所设计磁流变液制动器总体上具有良好的恒减速度制动特性。但在制动临近结束时，制动减速度有一定程度减小，其主要原因是制动器的制动力矩随车速降低稍有下降。具体而言，当电流分别为 0.3A、0.6A、0.9A、1.2A、1.5A、1.8A 和 2.1A 时，整个制动过程中的制动减速度平均值分别为 0.5223m/s²、1.0364m/s²、1.5595m/s²、2.0260m/s²、2.3672m/s²、2.5414m/s² 和 2.8190m/s²。显然，当电流逐渐增大时，对应制动减速度也随之增大，但其增幅有一定程度减小。

图 5.8 和图 5.9 所示为当制动初速度分别为 40km/h 和 60km/h 时，不同线圈电流下车速随时间的变化曲线，由图可见，当线圈电流恒定时，整个制动过程中制动减速度的变化趋势与图 5.7 基本一致。具体而言，当电流分别为 0.3A、0.6A、0.9A、1.2A、1.5A、1.8A 和 2.1A 时，在制动初速度为 40km/h 时，整个

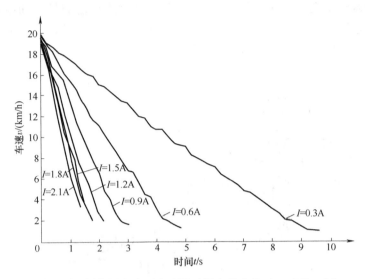

图 5.7　不同线圈电流下车速随时间变化曲线（$v_0 = 20$km/h）

制动过程中的制动减速度平均值分别为 0.6071m/s²、1.2647m/s²、1.8508m/s²、2.3483m/s²、2.6770m/s²、3.3589m/s² 和 3.6445m/s²，而当制动初速度为 60km/h，制动减速度平均值则分别为 0.7120m/s²、1.3717m/s²、2.0961m/s²、2.5964m/s²、3.1477m/s²、3.5261m/s² 和 3.9586m/s²。表 5.3 所示为不同线圈电流和制动初速度下的制动时间及制动平均减速度，结合图 5.7～图 5.9，当电流恒定时，不同制动初速度对应的制动减速度平均值略有不同，这主要是由于磁流变液制动器的制动力矩不稳定所致。

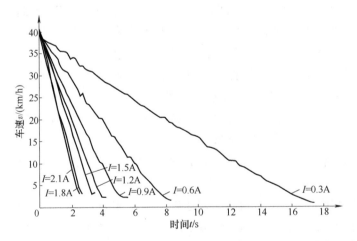

图 5.8　不同线圈电流下车速随时间变化曲线（$v_0 = 40$km/h）

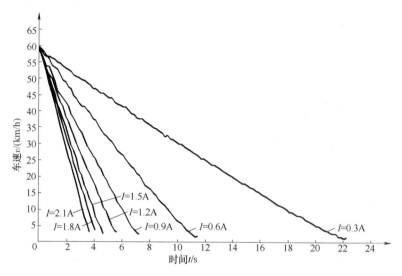

图 5.9　不同线圈电流下车速随时间变化曲线（$v_0 = 60\text{km/h}$）

表 5.3　不同线圈电流和制动初速度下的制动时间及制动平均减速度

线圈 电流 I/A	制动减速度平均值 a/$(\text{m}\cdot\text{s}^{-2})$			制动时间 t/s		
	$v_0 = 20\text{km/h}$	$v_0 = 40\text{km/h}$	$v_0 = 60\text{km/h}$	$v_0 = 20\text{km/h}$	$v_0 = 40\text{km/h}$	$v_0 = 60\text{km/h}$
0.3	0.5223	0.6071	0.7120	9.6	17.4	22.4
0.6	1.0364	1.2647	1.3717	4.8	8.4	11.6
0.9	1.5595	1.8508	2.0961	3	5.4	7.4
1.2	2.0260	2.3483	2.5964	2.2	4.2	5.8
1.5	2.3672	2.6770	3.1477	1.8	3.6	4.8
1.8	2.5414	3.3589	3.5261	1.6	2.8	4.2
2.1	2.8190	3.6445	3.9586	1.4	2.6	3.8

5.2.3　输出制动力矩特性实验

为了解制动过程中磁流变液制动器输出制动力矩的具体变化情况，进行输出制动力矩特性实验。选定三种不同的制动初速度 20km/h、40km/h 和 60km/h，励磁线圈电流分别为 0.3A、0.9A、1.5A 和 2.1A。图 5.10 所示为当制动初速度为 20km/h 时，不同线圈电流下制动器输出制动力矩随时间的变化曲线，由图可见，当线圈电流恒定时，整个制动过程中制动器输出制动力矩基本保持不变，但在制动临近结束时，输出制动力矩有一定程度减小，其主要原因是制动盘转速降低导致黏性制动力矩减小。具体而言，当电流分别为 0.3A、0.9A、1.5A 和

2.1A 时，整个制动过程中制动器的最大输出制动力矩分别为 33.7N·m、106.2N·m、164.1N·m 和 207.3N·m。

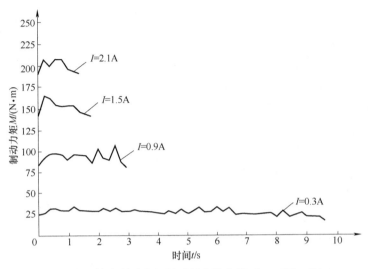

图 5.10　输出制动力矩随时间变化曲线（$v_0 = 20$km/h）

图 5.11 和图 5.12 所示分别为当制动初速度为 40km/h 和 60km/h 时，不同线圈电流下制动器输出制动力矩随时间的变化曲线。由两图可见，当电流恒定时，整个制动过程中制动器输出制动力矩的变化趋势与图 5.10 基本一致。具体而言，当电流分别为 0.3A、0.9A、1.5A 和 2.1A 时，在制动初速度为 40km/h 时，整个制动过程中制动器最大输出制动力矩分别为 40.1N·m、112.6N·m、172.3N·m 和 232.1N·m；而当制动初速度为 60km/h，最大输出制动力矩分别为到 46.5N·m、132.1N·m、206.7N·m 和 240.3N·m。表 5.4 为不同线圈电流和制动初速度下的最大输出制动力矩，结合图 5.10~图 5.12，当线圈电流恒定时，不同制动初速度对应的制动器输出制动力矩略有不同，其值随制动初速度的增加呈一定程度的上升，主要原因是黏性制动力矩随转速的增加稍有上升。当制动初速度为 60km/h、线圈电流为 2.1A 时，最大输出制动力矩可达制动力矩的设计值 235N·m，满足制动力矩使用需求。

表 5.4　不同线圈电流和制动初速度下的最大输出制动力矩

线圈电流 I/A	最大输出制动力矩 T/(N·m)		
	$v_0 = 20$km/h	$v_0 = 40$km/h	$v_0 = 60$km/h
0.3	33.7	40.1	46.5
0.9	106.2	112.6	132.1
1.5	164.1	172.3	206.7
2.1	207.3	232.1	240.3

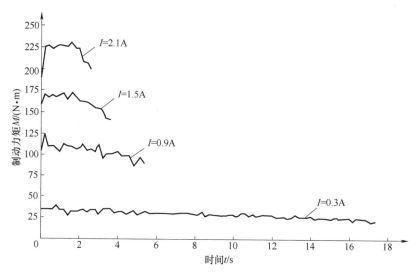

图 5.11　输出制动力矩随时间变化曲线（$v_0 = 40\text{km/h}$）

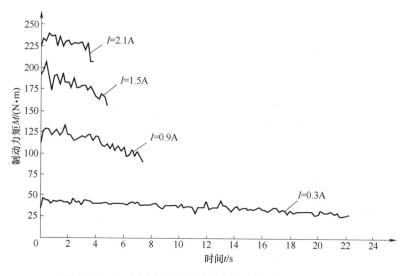

图 5.12　输出制动力矩随时间变化曲线（$v_0 = 60\text{km/h}$）

　　为了获得磁流变液制动器制动力矩与线圈电流之间的关系，以整个制动过程中制动力矩的平均值作为该电流下的制动力矩值。选定三种不同制动初速度 20km/h、40km/h 和 60km/h，线圈电流从 0.1A 依次增加至 2.1A，步长为 0.1A。图 5.13 所示为制动器输出制动力矩随线圈电流的变化曲线，从图中可以看出，当制动初速度恒定时，制动力矩与线圈电流之间基本符合线性关系，并且制动初速度越大，相同电流下制动力矩也越大。

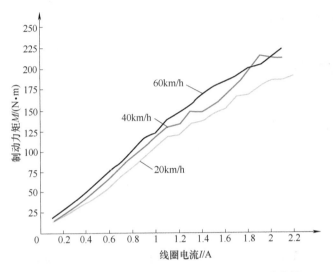

图 5.13　制动器输出制动力矩随线圈电流的变化曲线

　　考虑到制动时间是影响车辆制动安全的重要指标，因此要求制动器的制动力矩的响应速度越快越好。图 5.14 所示为当制动初速度为 60km/h 时，磁流变液制动器制动力矩与线圈电流的响应曲线，由图可见，当电流分别为 0.9A、1.5A 和 2.1A 时，制动力矩的响应时间均不超过 400ms。此外，当制动开始 200ms 后线圈电流基本达到稳定值，此时制动力矩已达到整个制动过程中的平均值，由此可得所研制磁流变液制动器制动力矩的响应时间约为 200ms。

5.2.4　速度跟随实验

　　速度跟随反映磁流变液制动器介入制动后通过控制其线圈电流使车速跟随既定的速度曲线。通过实验测得制动平均减速度与线圈电流的数值关系，其中电流从 0.1A 增至 2.1A，增幅为 0.1A。通过多项式拟合得到制动平均减速度 a 与线圈电流 I 的关系为

$$I=-0.0068a^3+0.0684a^2+0.2616a+0.0401 \qquad (5.1)$$

　　制动过程中，线圈电流由控制板卡输出的占空比来调节，通过实验测得占空比与线圈电流的数值关系。进行多项式拟合，得到线圈电流 I 与占空比 ξ 的关系为

$$\xi=-2.0567I^3+4.866I^2+52.1623I+0.8792 \qquad (5.2)$$

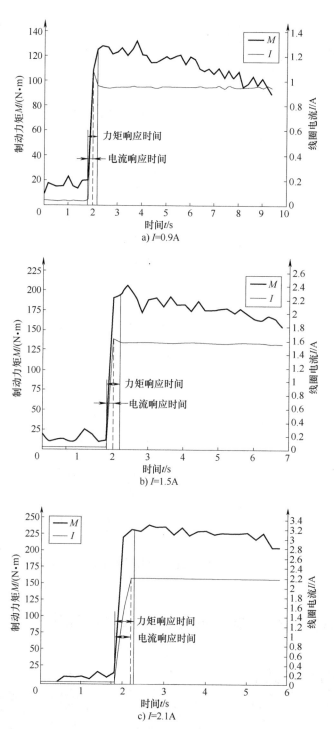

图 5.14　磁流变液制动器制动力矩与线圈电流响应曲线

　　实验中选定 4 种不同的目标速度曲线，分别开展制动过程中车速跟随实验。图 5.15 所示为实际车速与目标速度的对比曲线，可以看出，制动过程中实际车速的变化趋势与目标速度比较一致，但也存在一定的偏差，分析其主要原因有：①磁流变液制动器的制动力矩不稳定，制动平均减速度只能尽可能贴近实际的制动性能；②控制板卡输出的占空比存在一定延时，并不能及时向磁流变液制动器的励磁线圈输入所需电流。

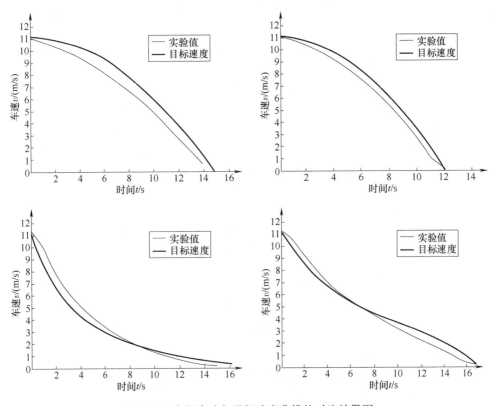

图 5.15　实际车速与目标速度曲线的对比效果图

5.3　磁流变液制动器温度特性与散热性能实验

5.3.1　温度特性实验

　　考虑到制动过程中磁流变液制动器内部会积聚热量[9,10]，为获得其实际发热情况，需进行温度特性实验，具体实验阶段包括：①0～190s 阶段，制动初速度为 20km/h、40km/h 和 60km/h，线圈电流为 0；②190～520s 阶段，制动初速度为60km/h，线圈电流从0.1A增至2.1A，增幅为0.1A；③520～810s阶段，制动初速度为40km/h，线圈电流从0.1A增至2.1A，增幅为0.1A；④810～1000s阶段，制动初速度为20km/h，线圈电流从0.1A增至2.1A，增幅为0.1A。图5.16所示为温度传感器的安装位置示意图。

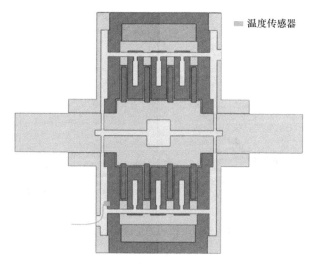

■ 温度传感器

图5.16 温度传感器的安装位置示意图

图5.17所示为制动器测点位置处温度随时间的变化曲线，由图可得，实验结束时测点位置处温度达到53.42℃，相比于初始温度上升了约31.98℃。此外，不同实验阶段温升幅度也不同，第1～第4阶段温升分别约为3.05℃、20.22℃、6.10℃和2.61℃。可见，在相同制动模式下，制动器的温度特性受制动初速度的影响。考虑到温度传感器的安装位置位于导磁板的外侧，其温升主要是由于内部积聚的热量向外扩散所致，因此只能间接反映制动器内部的发热情况。结合3.2.3节中瞬态温度场仿真结果可知，导磁板外侧温度与制动器内部最高温度相差可达30℃，因此预估制动器内部最高温度约为85℃，其在磁流变液的许用工作温度范围之内。

5.3.2 散热性能实验

散热性能实验可反映制动器内部管路的散热性能[11]，具体实验流程如下：选定制动初速度为40km/h，线圈电流为1.8A，每次制动前后间隔5s，重复10次。图5.18所示为磁流变液制动器在不同散热条件下测点位置处温度随时间的变化曲线。可以看出，在无水冷情况下，制动结束时测点位置处温度为31.7℃，相比初始温度上升约5℃；而在有水冷情况下，制动结束时测点位置处温度为27.6℃，相比初始温度上升仅有0.9℃。由此可得所设计散热管路可以显著降低制动过程中磁流变液制动器的发热现象。

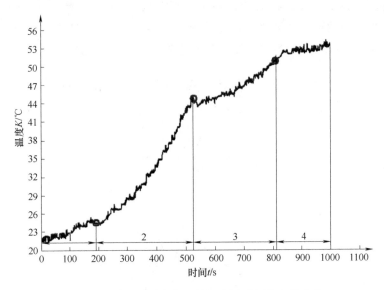

图 5.17　制动器测点位置处温度随时间的变化曲线

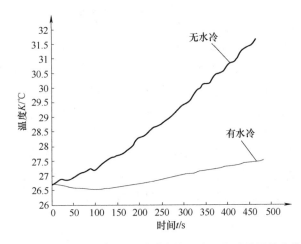

图 5.18　不同散热条件下制动器测点位置处温度随时间的变化曲线

参 考 文 献

[1]　SONG B K, NGUYEN Q H, CHOI S B, et al. The impact of bobbin material and design on magnetorheological brake performance [J]. Smart Materials and Structures, 2013, 22 (10): 105030.

［2］ ZAINORDIN A Z, HUDHA K, JAMALUDDIN H, et al. Design and characterisation of magnetorheological brake system ［J］. International Journal of Engineering Systems Modelling and Simulation, 2014, 7 （1）: 62-70.

［3］ 王娜, 宋万里, 胡志超, 等. 磁流变液制动器性能分析试验台的研制 ［J］. 东北大学学报 （自然科学版）, 2017, 38 （7）: 989-992.

［4］ 全国汽车标准化技术委员会. QC/T564—2018 乘用车行车制动器性能要求及台架试验方法 ［S］. 北京: 中国计划出版社, 2018.

［5］ YUN D, KOO J H. Design and analysis of an MR rotary brake for self-regulating braking torques ［J］. Review of Scientific Instruments, 2017, 88 （5）: 055103.

［6］ FALCAO D L L. Design of a magnetorheological brake system ［D］. Victoria, Canada: University of Victoria, 2004.

［7］ PARK E J, STOIKOV D, LUZ L F D, et al. A performance evaluation of an automotive magnetorheological brake design with a sliding mode controller ［J］. Mechatronics, 2006, 16 （7）: 405-416.

［8］ 王道明, 姚兰, 邵文彬, 等. 汽车磁流变液制动器温度特性仿真与试验研究 ［J］. 机械工程学报, 2019, 55 （06）: 100-107.

［9］ PATIL S R, POWAR K P, SAWANT S M. Thermal analysis of magnetorheological brake for automotive application ［J］. Applied Thermal Engineering, 2016, 98: 238-245.

［10］ 郑军, 张光辉, 曹兴进. 热管式磁流变传动装置的设计与试验 ［J］. 机械工程学报, 2009, 45 （7）: 305-311.

［11］ 郑祥盘, 陈凯峰, 陈淑梅. 曳引电梯磁流变制动装置的温度特性研究 ［J］. 中国机械工程, 2016, 27 （16）: 2141-2147.

第6章 汽车磁流变液制动器的防抱死制动研究

对于安全性能持续不断的追求促使汽车制动系统不断发展，防抱死制动系统可以防止车轮在制动过程中打滑，使车辆能够充分利用地面附着力进行制动，在紧急制动或复杂路面情况下尽可能缩短制动距离，并且能够保证制动过程中汽车方向的稳定性和可控性，从而有效改善汽车制动性能。本章在介绍汽车制动原理及制动动力学模型基础上，搭建惯性飞轮式 1/4 汽车制动模拟试验台，利用磁粉离合器实现不同路面附着系数的精确模拟和实时可调；运用 SIMULINK 软件建立基于路面识别的单轮车辆制动仿真模型，开展多种路面条件下的制动仿真和防抱死制动仿真，分析对比基于固定目标滑移率和基于路面识别的最佳滑移率下的制动效果，并研究所提出的多种防抱死制动控制策略的控制性能；通过卷积神经网络图像处理算法进行路面识别，分别开展单一路面条件下和对接路面条件下的车辆制动模拟实验和防抱死制动实验，验证所提出的路面附着系数跟踪控制策略、防抱死制动控制策略的正确性和有效性，以及磁流变液制动器在汽车制动过程中的防抱死制动效果。

6.1 车辆制动模拟试验台方案设计

6.1.1 汽车行驶与制动基本原理

汽车行驶方向上的外力主要包括汽车驱动力和行驶阻力，两者决定了汽车的动力性[1]。发动机产生的扭矩经过传动系统传递至驱动轮上得到汽车驱动力。发动机产生的扭矩 T_t 与汽车驱动力 F_t 之间的关系为

$$F_t = \frac{T_t i_t \eta_t}{R} \tag{6.1}$$

式中，i_t 为传动系统的总传动比；η_t 为传动系统的机械效率；R 为车轮半径。

汽车行驶过程中，主要受到的行驶阻力包括空气阻力 F_w、轮胎滚动阻力 F_f、加速阻力 F_j 和坡度阻力 F_i。其中空气阻力 F_w 的表达式为

$$F_{\mathrm{w}}=\frac{ACv^2}{21.15} \tag{6.2}$$

式中，A 为汽车迎风面积，可以用车身高度与轮距的乘积估算；C 为空气阻力系数；v 为汽车行驶速度。

轮胎滚动阻力 F_{f} 可表示为轮胎行驶单位距离时所损失的能量，主要由轮胎和地面的形变导致的，其表达式为

$$F_{\mathrm{f}}=mgf\cos\alpha \tag{6.3}$$

式中，m 为汽车质量；f 为轮胎滚动阻力系数；α 为坡度角。

汽车行驶不但与驱动力相关，而且与路面附着条件相关。汽车行驶的必要条件为

$$F_{\mathrm{t}} \geqslant F_{\mathrm{f}}+F_{\mathrm{i}}+F_{\mathrm{w}} \tag{6.4}$$

汽车行驶受驱动条件限制的同时，还受轮胎与路面附着条件的制约。地面附着力可定义为地面对轮胎切向反作用力的极限值，在坚硬的路面上，地面附着力 F_{μ} 与驱动轮法向反作用力 F_z 成正比，即

$$F_{\mu}=\mu F_z \tag{6.5}$$

式中，μ 为路面附着系数，其与路面条件、轮胎类型和轮胎运动状态等有关。

汽车行驶的附着条件为汽车驱动力不大于地面附着力，否则驱动轮将会打滑，不能正常行驶，即

$$F_{\mathrm{t}} \leqslant F_{\mu} \tag{6.6}$$

由式（6.4）和式（6.6）可得，汽车行驶的充要条件，即汽车行驶的驱动-附着条件为

$$F_{\mathrm{f}}+F_{\mathrm{i}}+F_{\mathrm{w}} \leqslant F_{\mathrm{t}} \leqslant F_{\mu} \tag{6.7}$$

汽车制动过程中车轮的受力情况直接影响其制动性能。车轮制动时，车轮受到路面施加的与其行驶方向相反的作用力，称为地面制动力，它主要取决于地面制动力以及轮胎与地面之间的附着力。

地面制动力是让汽车减速的外力，其计算式为

$$F_x=\frac{M_{\mathrm{b}}}{R} \leqslant F_{\mu}=\mu F_z \tag{6.8}$$

式中，F_x 为地面制动力；M_{b} 为制动器制动力矩。

地面最大制动力为

$$F_{x\max}=\mu F_z \tag{6.9}$$

汽车制动过程中，制动器制动力、地面制动力和地面附着力之间关系如图 6.1 所示[2]。在制动过程中，当踏板力相对较小，即制动器制动力较小时，地面制动力足以克服制动器制动力使车轮滚动。此时，地面制动力等于制动器

制动力,并与踏板力成正比;当踏板力增大到一定值时,地面制动力达到地面附着力,车轮抱死。此时,若继续增大踏板力,地面制动力受地面附着力制约,不会继续增长,制动器制动力会随踏板力的增加成正比增大。

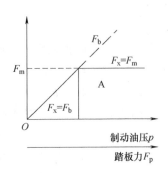

由此可见,汽车制动时的地面制动力取决于制动器制动力的同时还受地面附着条件的制约。轮胎制动过程中的运动状态有三种:纯滚动、边滚边滑和纯滑动。随着制动强度的提高,轮胎滚动成分变少,而滑移成分变多,一般用轮胎滑移率来定量描述滑移成分的占比,滑移率越大,滑移成分占比越多。轮胎滑移率 s 的表达式为

图 6.1 制动过程中制动器制动力、地面制动力和地面附着力之间的关系

$$s = \frac{v_L - \omega_L R_L}{v_L} \tag{6.10}$$

式中,v_L 为车轮中心速度;ω_L 为车轮角速度;R_L 为车轮滚动半径。

当滑移率 $s=0$ 时,轮胎线速度等于车速,表示轮胎为纯滚动;当滑移率 $s=100\%$ 时,轮胎线速度等于零,表示轮胎已抱死;滑移率 $0<s<100\%$ 时,表示轮胎处于边滚边滑状态。

不同滑移率时,其附着系数也是变化的[3,4],图 6.2 为七种典型路面上的附着系数与滑移率的关系曲线。在未制动时,附着系数为零;制动状态下,当滑移率达到最佳滑移率时,附着系数达到最大值,之前的阶段称为稳定阶段;随后滑移率增大,附着系数减小,汽车侧向承受能力变弱,汽车进入不稳定阶段,这是很危险的。因此,制动时使滑移率保持在最佳滑移率范围内,就可以获得较大附着系数,保证汽车制动的安全性。

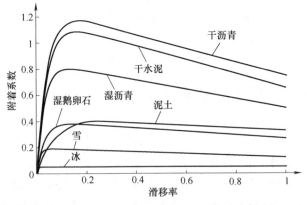

图 6.2 七种典型路面上附着系数与滑移率的关系曲线

6.1.2　车辆制动模拟试验台结构和原理

基于汽车理论，路面附着系数的大小取决于道路条件和滑移率等因素，因此，准确模拟路面制动情况的前提是准确模拟路面附着系数。由于道路试验易受环境和道路条件等影响，很多高校和公司都转而采用台架法开展制动实验[5]。图6.3为所设计的1/4汽车制动模拟试验台，主要由电机、飞轮、磁粉离合器、磁流变液制动器、车轮、转矩转速传感器、测速传感器以及数据采集与控制单元等组成。其中，电机为试验台提供动能，飞轮储存电机产生的转动动能，用于等效车辆的平动动能，飞轮转速用于模拟车速。采用磁流变液制动器作为汽车的制动器，其输出制动力矩为车轮所受的制动力矩。磁粉离合器是实现路面附着系数精确模拟和实时可调的关键部件，其传递扭矩用于模拟地面制动力矩，通过控制其传递扭矩来模拟地面制动力矩的变化，将轮胎与路面的滑移状态转换为磁粉离合器内、外转子之间的滑差转动状态[6]。

a) 机械结构组成

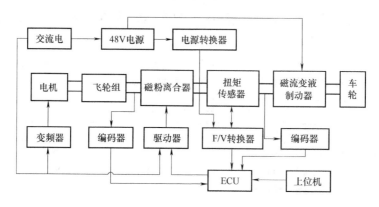

b)　工作原理

图6.3　1/4汽车制动模拟试验台

6.1.3　车辆平动惯量计算与惯性飞轮设计

车辆行驶动能包括车辆平移和旋转部件转动产生的动能，由于旋转部件产生的动能相比于平移产生的动能非常小，只计入车轮旋转产生的动能。本试验台用于模拟1/4汽车的后轮制动试验，在制动开始瞬间，系统总动能 W 等于单个后轮制动器所对应车辆质量产生的平动动能和单个后轮的旋转动能之和，其表达式为

$$W = \frac{1}{2}m_b v^2 + \frac{1}{2}J_L \omega_L^2 \tag{6.11}$$

式中，m_b 为单个后轮制动器所对应车辆质量；J_L 为车轮转动惯量。

根据 QC/T564-2018《乘用车行车制动器性能要求及台架试验方法》[7]，汽车满载情况下以 $4.41\mathrm{m/s^2}$（$0.45g$）制动减速度进行制动时，单个后轮制动器所对应车辆质量 m_b 为

$$m_b = \frac{m_a(a - 0.45h)}{2L} \tag{6.12}$$

式中，m_a 为汽车满载总质量；L 为汽车轴距；h 为汽车满载时重心高度；a 为重心至前轴距离。

在制动模拟试验台上，飞轮转动惯量是用于模拟车辆在道路上制动时的平动惯量，则飞轮和车轮储存的总动能 W' 可表示为

$$W' = \frac{1}{2}J_b \omega_b^2 + \frac{1}{2}J_L \omega_L^2 \tag{6.13}$$

式中，J_b 为飞轮转动惯量；ω_b 为飞轮角速度。

由于 $W = W'$，则

$$m_b v^2 = J_b \omega_b^2 \tag{6.14}$$

由于车速是通过飞轮转速来模拟的，则车速 $v = \omega_b R_L$。将其代入式（6.14），可得所需飞轮转动惯量为

$$J_b = m_b R_L^2 \tag{6.15}$$

以某款微型卡车作为目标车型，其主要参数见表6.1。

表 6.1　目标车型主要参数

车身参数	数　值
汽车满载总质量 m_a/kg	1850
汽车轴距 L/m	2.95
重心至前轴距离 a/m	1.79
汽车满载时重心高度 h/m	0.71
车轮滚动半径 R_L/m	0.29

本试验台按照实物 1：2 比例缩小，根据式（6.15），计算得该车型的试验转动惯量为 $19.3\mathrm{kg \cdot m^2}$。在设计惯性飞轮时，设定其半径 $r_b = 0.34\mathrm{m}$，选取材料 HT200，则飞轮质量 m_f 和厚度 B_f 可由下式得到

$$\begin{cases} m_f = \dfrac{2J_b}{r_b^2} \\ B_f = \dfrac{m_f}{\pi \rho_b r_b^2} \end{cases} \tag{6.16}$$

式中，ρ_b 为飞轮材料密度。

考虑飞轮动平衡和安装要求，设计 4 个厚度为 0.03m 的飞轮共同组成惯性飞轮组。

6.1.4　磁粉离合器结构及路面模拟原理

磁粉离合器是制动模拟试验台中实现不同路面附着系数模拟功能的核心部件，它通过传递不同大小的力矩来模拟不同路面和不同滑移率所产生的地面制动力矩。从而将车轮与路面间的滑移状态转换为制动模拟试验台上的磁粉离合器主、从动转子之间的滑差转动状态。磁粉离合器的结构示意如图 6.4 所示，主要由主动转子、从动转子、磁轭、磁粉、励磁线圈等组成。当励磁线圈不通电时，主动转子转动，磁粉均匀分布在主动转子内壁上，而从动转子与磁粉无接触，所以从动转子不转动，无扭矩输出[8]；当励磁线圈通电时，在工作间隙内形成闭合磁路，磁粉被磁化，形成"磁粉链"。当主动转子旋转时，靠磁链剪力和摩擦力将扭矩传递到从动转子。磁粉离合器的传递扭矩由磁粉链的剪切强度决定，其随着磁场强度的增加而增大，直至磁饱和[9]。因此，磁粉离合器具有三种工作状态：

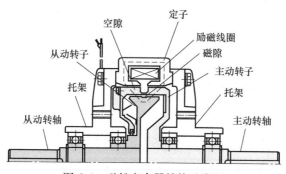

图 6.4　磁粉离合器结构示意图

（1）当磁粉离合器的控制电流足够大时，主、从动转子之间有足够的接合力，磁粉离合器的最大传递力矩大于制动器的制动力矩，主、从动转子的转速

相同，相当于汽车正常行驶还未制动时的状态，此时车轮的轮边线速度等于车身速度，车轮处于纯滚动状态。

（2）当磁粉离合器的控制电流不够大时，其最大传递力矩略微小于制动器的制动力矩，此时磁粉离合器处于常规滑差工作状态。这相当于汽车制动时，随着制动力矩的不断增加，车轮轮边线速度与车身速度不同，车轮处于边滚边滑状态。

（3）当磁粉离合器的控制电流非常小时，从动转子没有输出力矩，此时主动转子在旋转，但是从动转子的转速为零。这相当于汽车制动时，制动力矩大于地面所能提供的最大等效制动力矩，车轮处于抱死状态。

当磁粉离合器的传递扭矩在额定转矩的 5%～100% 范围内，其控制电流与传递力矩之间呈正比例关系。因此，通过调整控制电流即可调节其传递力矩的大小，从而实现不同路面附着系数的模拟。

6.2 车辆制动模型仿真与路面模拟

6.2.1 汽车单轮制动动力学模型

汽车制动时轮胎的受力状况对制动性能有着直接影响。忽略轮胎滚动阻力和空气阻力[10, 11]，并作如下假设：①各轮胎半径和所受载荷相等；②轮胎不发生形变；③路面平整；④车辆只有纵向运动而无侧向运动。图 6.5 为单轮车辆制动受力示意图，图中，F_x 为地面制动力，F_z 为轮胎垂直方向上地面的反作用力，T_b 为制动器制动力矩，v_L 为车轮线速度，ω_L 为车轮角速度。

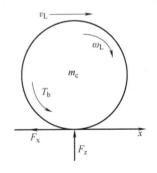

图 6.5 单轮车辆制动
受力示意图

车轮只受到制动器制动力矩 T_b 和地面制动力矩 $F_x r$ 的作用，地面制动力矩是导致汽车停止的最主要阻力，故单轮车辆制动动力学方程为

$$\begin{cases} J_L \dot{\omega}_L = F_x r - T_b \\ m_c \dot{v}_L = -F_x \\ F_x = \mu F_z \end{cases} \quad (6.17)$$

式中，$\dot{v}_L$ 为车轮加速度；$\dot{\omega}_L$ 为车轮角加速度；m_c 为单轮车辆总质量；即 $m_c = m_b + m_L$（m_L 为轮胎质量）；μ 为路面附着系数。

如图 6.6 所示，磁粉离合器的主动转子连接飞轮，其传递力矩 T 使飞轮产

生制动，则

$$T=J_b\dot{\omega}_b \tag{6.18}$$

式中，$\dot{\omega}_b$为飞轮角加速度。

　　磁粉离合器的从动转子连接磁流变液制动器和车轮，车轮在磁粉离合器传递力矩T和磁流变液制动器制动力矩T_b共同作用下转动，则

$$T=J_L\dot{\omega}_L+T_b \tag{6.19}$$

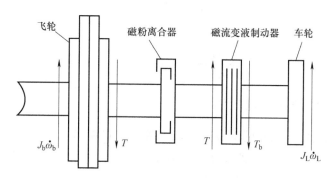

图 6.6　汽车制动模拟试验台受力示意图

结合式（6.17）和式（6.19），可得

$$\mu=\frac{T}{F_z r}=\frac{T}{(m_b+m_L)gr} \tag{6.20}$$

　　因此，在汽车载重量一定的情况下，通过控制磁粉离合器的传递力矩T即可改变路面附着系数μ，从而模拟不同附着条件的路面。

6.2.2　轮胎路面模型

　　轮胎是连接车辆与路面的重要部件，其与路面间的作用力直接影响车辆运动状态[12]，因此建立合适轮胎模型对车辆制动动力学研究非常重要。常用Burckhardt模型是通过大量实验拟合出各种典型路面附着系数μ和轮胎滑移率s之间的关系（即$\mu(s)$曲线），其表达式为

$$\begin{cases} \mu(s)=c_1(1-e^{-c_2 s})-c_3 s \\ s_0=\dfrac{1}{c_2}\ln\dfrac{c_1 c_2}{c_3} \\ \mu_0=c_1-\dfrac{c_3}{c_2}\left(1+\ln\dfrac{c_1 c_2}{c_3}\right) \end{cases} \tag{6.21}$$

式中，c_1、c_2、c_3为各种典型路面的参数值；s_0、μ_0分别为各种典型路面的最佳滑移率和峰值附着系数。

　　表 6.2 所示为七种典型路面条件下的参数值。

表 6.2　七种典型路面的参数值

路面条件	c_1	c_2	c_3	s_0	μ_0
干沥青	1.2801	23.99	0.52	0.17	1.17
干水泥	1.1973	25.168	0.5373	0.16	1.08
湿沥青	0.8570	33.822	0.347	0.1308	0.8013
泥土	0.4101	34.1	0.003	0.25	0.41
湿鹅卵石	0.4004	33.708	0.1204	0.14	0.38
雪	0.1946	94.129	0.0646	0.06	0.1907
冰	0.05	306.39	0.001	0.0315	0.05

6.2.3　磁流变液制动器控制模型

磁流变液制动器以磁流变液为制动介质，通过调节输入电流即可实现运动机械的可控制动[13]，具有响应快、控制能耗低、工作部件磨损小等优点[14-17]。利用所测得的磁流变液制动器不同输入电流下的制动力矩，并以此作为辨识数据，利用 Matlab 系统辨识工具箱求得磁流变液制动器输入电流-制动力矩的传递函数 $G(s)$ 为

$$G(s) = \frac{34.3571(1+36.6788s)}{(1+3.4814s)(1+1.1708s)(1+2.4936s)} \tag{6.22}$$

6.2.4　防抱死制动系统控制器模型

防抱死制动系统（Anti-lock Braking System，ABS）的控制器模型有逻辑门限控制、模糊控制、比例-积分-微分（Proportional-Integral-Derivative，PID）控制、Bang-Bang 控制等。考虑到 PID 控制鲁棒性好、结构简单、可靠性高且调节方便，选用 PID 作为 ABS 控制器，其基本原理为：以期望滑移率为控制目标，根据传感器采集的车速和轮速信号，计算得车轮实际滑移率，并将其与期望滑移率比较，得出滑移率偏差；利用 PID 控制器调节磁流变液制动器的输入电流，从而改变制动力矩，滑移率偏差也相应变化，反复调节 PID 的控制参数，最终使实际滑移率始终处于最佳滑移率附近，保障制动效果达到最佳。

6.2.5　路面识别模型

由于不同路面条件对应不同最佳滑移率，以冰、雪、湿鹅卵石、湿沥青、干水泥、干沥青等 6 种典型路面为研究对象，设计如图 6.7 所示的路面识别算法。

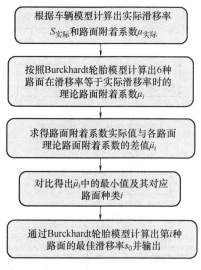

图 6.7　路面识别算法流程图

6.2.6　基于路面识别的单轮车辆制动仿真模型

图 6.8a 和图 6.8b 分别是基于路面识别的车辆制动模拟试验台仿真模型的原理图和 SIMULINK 仿真模型图，主要包括单轮车辆制动模型、轮胎模型、磁流变液制动器模型、ABS 控制器模型和路面识别模型等。车轮运动状态由磁流变液制动器的制动力矩和磁粉离合器的传递力矩共同决定。将车速和轮速作为输入信号：一方面输入滑移率计算模型，得到实际滑移率后分别输入 ABS 控制器模型和轮胎模型，根据轮胎模型中滑移率与路面附着系数的关系计算得路面附着系数，再将其输入路面附着系数模拟模块，根据路面附着系数与传递力矩的关系计算得传递力矩，根据输出扭矩与励磁电流的关系计算得所需励磁电流输入控制单元；另一方面与轮胎模型中计算得的路面附着系数共同输入路面识别模块，估算出当前路面最佳滑移率，以此作为期望滑移率输入 ABS 控制器模型，与实际滑移率构成偏差，由 ABS 控制器计算得制动力矩调整值反馈至磁流变液制动器模型，根据磁流变液制动器模型中的输入电流与制动力矩关系，得到输入电流调整值输入控制单元，以达到 ABS 制动控制的目的。

6.2.7　车辆制动仿真分析

为了验证路面识别算法和 ABS 控制策略的有效性，在下述两种工况下进行制动仿真：①单一路面条件下制动仿真，分别选取湿沥青、湿鹅卵石和雪等三种路面；②对接路面条件下制动仿真，选取湿沥青→雪→湿鹅卵石的对接路面。

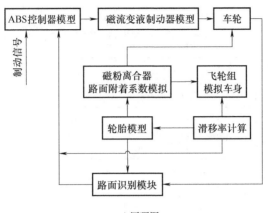

a) 原理图

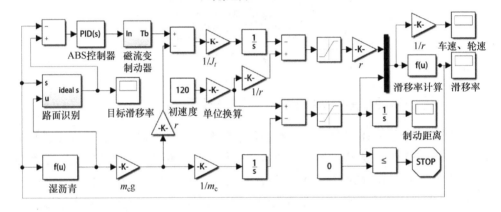

b) SIMULINK仿真模型

图 6.8　基于路面识别的车辆制动模拟试验台仿真模型

1. 单一路面条件下制动仿真

在表 6.3 中的初始条件下进行制动仿真，为了更贴合实际工况，在湿沥青、湿鹅卵石和雪等三种路面上的制动初速度分别设定为 120km/h、90km/h 和 60km/h。图 6.9 所示为单一路面条件下基于固定目标滑移率（$s_g = 0.2$）下和基于路面识别的最佳滑移率下的车速、轮速、滑移率和制动距离对比曲线。

表 6.3　单一路面条件下的制动仿真初始条件及结果

路面条件		湿沥青	湿鹅卵石	雪
初始条件	最佳滑移率	0.13	0.14	0.06
	峰值附着系数	0.8	0.38	0.1907
	制动初速度/(km/h)	120	90	60

（续）

	路面条件		湿沥青	湿鹅卵石	雪
仿真结果	制动时间/s	基于固定目标滑移率（$s_g = 0.2$）	4.35	6.8	9.37
		基于路面识别的最佳滑移率	4.27	6.72	8.97
	制动距离/m	基于固定目标滑移率（$s_g = 0.2$）	72.83	88.4	80.19
		基于路面识别的最佳滑移率	70.66	84.19	75.04

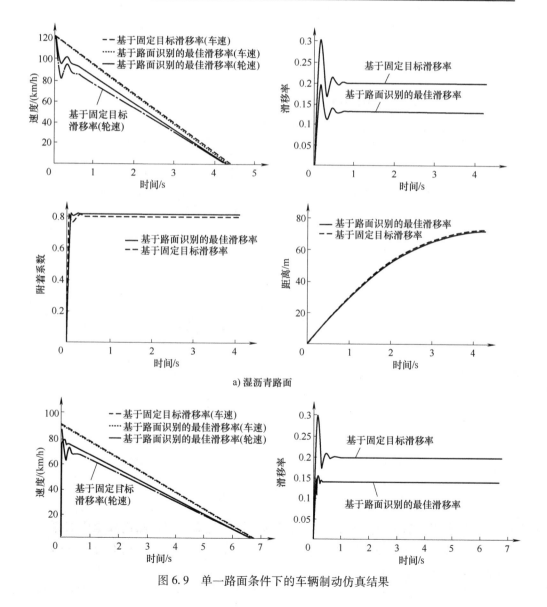

a) 湿沥青路面

图6.9 单一路面条件下的车辆制动仿真结果

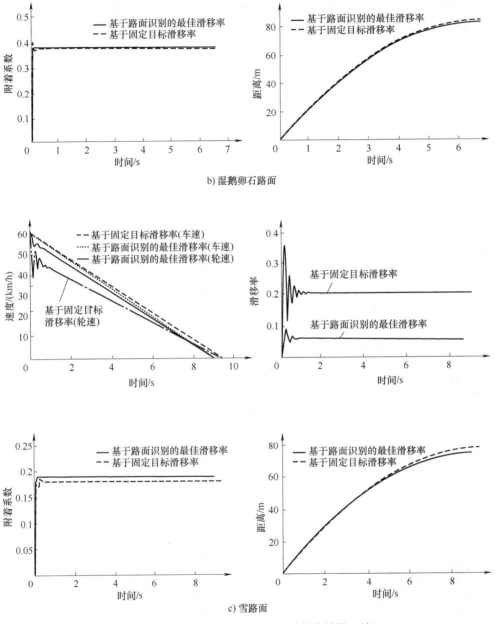

b) 湿鹅卵石路面

c) 雪路面

图 6.9 单一路面条件下的车辆制动仿真结果（续）

结果表明，基于路面识别的最佳滑移率下的仿真系统以路面峰值附着系数为控制目标，能够保障实际滑移率快速稳定在最佳值附近，从而充分利用极限路面附着条件。在相同制动初速度下，相比于基于固定目标滑移率下的仿真结果，其制动时间和制动距离均明显降低。具体来说，在湿沥青、湿鹅卵石、雪三种路面条件下，制动时间分别缩短了 1.9%、1.2% 和 4.5%，而制动距离则相应分别降低了 3.1%、5.0% 和 6.9%。此外，随着路面附着系数的降低，尽管仿真时设定的制动初速度减小，但制动距离的下降比率却逐渐增加，表明了在低附着路面条件下基于路面识别的最佳滑移率下仿真模型的优势更为明显。

2. 对接路面条件下制动仿真

实际制动过程中，汽车所在路面的附着系数可能会发生变化，即为对接路面制动工况。该工况下需首先进行路面识别，再根据识别结果实时调整最佳滑移率，从而提高对接路面工况下的制动性能。

将轮胎模块更换为图 6.10 所示的模型，即可实现对接路面下制动仿真。设置制动初速度为 90km/h，仿真前预设路面为湿沥青路面，2s 后变为雪路面，再过 2s 后变为湿鹅卵石路面。图 6.11 所示为对接路面条件下基于固定目标滑移率（$s_g = 0.2$）下和基于路面识别的最佳滑移率下车速、轮速、滑移率对比曲线和路面识别结果。

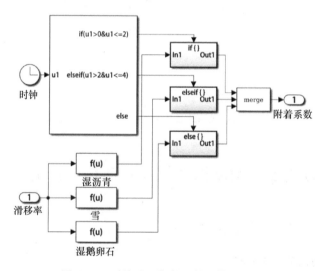

图 6.10　对接路面条件下轮胎模型模块

由图 6.11 可见，路面识别算法的实时性较好，当汽车由湿沥青路面行驶到雪路面，再到湿鹅卵石路面后，能够快速准确地识别出跃变后的路面状态，并且迅速跟踪相应路面的最佳滑移率，使得汽车在不同路面制动时始终保持在当前路面的峰值附着系数附近，提高了制动性能，缩短了制动距离。当驾驶员发出制动信号后车速减小直至完全停止，基于路面识别的最佳滑移率下的制动时间为 5.5s、制动距离为 54.92m，相比于基于固定目标滑移率下分别减少了 1.8% 和 6.6%。

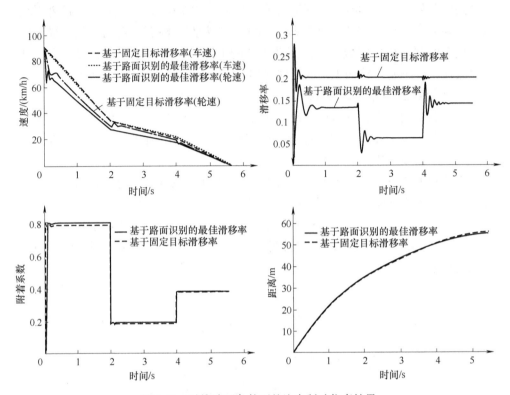

图 6.11 对接路面条件下的汽车制动仿真结果

6.3 汽车磁流变液制动器防抱死制动仿真研究

6.3.1 ABS 制动控制策略

1. 简单负反馈控制策略

根据图 6.2,将滑移率维持在 20% 附近可以得到很高的路面附着系数。为此,提出一个简单负反馈控制策略如图 6.12 所示,当测得当前滑移率 $S \geqslant 20\%$ 时,将减小磁流变液制动器的输入电流,从而减小制动器的制动力矩;反之,当测得当前滑移率 $S < 20\%$ 时,则增大磁流变液制动器的输入电流,从而提高制动器的制动力矩。

2. 逻辑门限值控制策略

逻辑门限值控制策略的特点是不需要建立具体的系统数学模型,控制简单,只要控制参数合理,则可获得比较理想的控制效果。但由于缺乏足够的理论指导,需要进行大量的道路试验才能达到良好的控制效果[18]。它是现有 ABS 制动

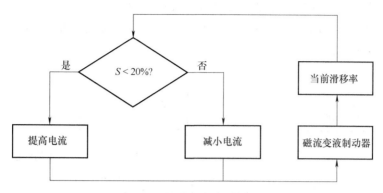

图 6.12 简单负反馈控制策略

普遍采用的一种控制算法,下面将其简化移植到磁流变液制动器中,其控制过程如图 6.13 所示。

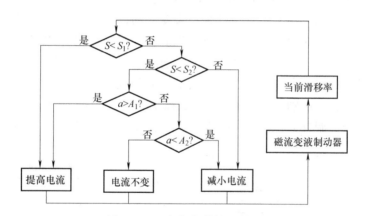

图 6.13 逻辑门限值控制策略

由于逻辑门限值需要经过大量实验才能得到合适的门限值,根据经验选用逻辑门限值的参数见表 6.4。

表 6.4 逻辑门限值的参数

门限参数	含 义	选用值
S_1	提高电流的参考滑移率门限	10%
S_2	减少电流的参考滑移率门限	60%
A_1	减少电流变为提高电流的车轮加速度门限	0.4m/s^2
A_2	电流不变状态变为减少电流的车轮加速度门限	-1m/s^2

3. 常规 PID 控制策略

将常规 PID 控制策略应用于磁流变液制动器 ABS 制动控制中,如图 6.14 所示。根据当前滑移率与目标滑移率之间的偏差，PID 控制器计算出磁流变液制动器的输入电流，从而调节制动力矩始终维持在合适值附近，保证制动过程中的实时滑移率始终跟随目标滑移率。

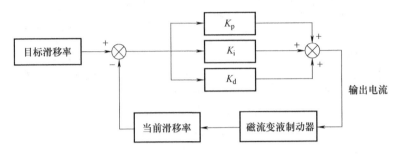

图 6.14　PID 控制策略

4. 基于路面识别的自适应模糊 PID 控制策略

由于制动过程中路面附着条件是动态变化的，需要对 PID 的控制参数进行实时调整以保证实时滑移率始终跟随当前路面条件下的目标滑移率。为此，提出一种用于磁流变液制动器的基于路面识别的自适应 PID 控制策略，如图 6.15 所示，该控制策略结合了 PID 控制、人工智能和模糊控制于一体，通过深度学习对路面图像进行识别，根据所识别的路面状况，利用模糊算法自适应调整 PID 控制器的三个控制参数，保证目标滑移率处于当前路面条件下最优滑移率附近。

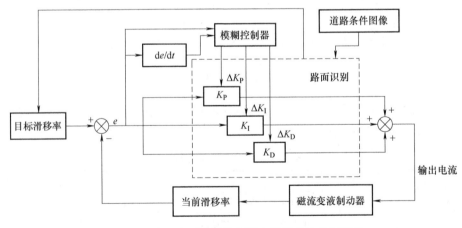

图 6.15　基于路面识别的自适应模糊 PID 控制策略

6.3.2　ABS 制动仿真分析

评价制动性能的主要指标包括制动效能和制动方向的稳定性。其中，制动效能指的是汽车行驶过程中强制减速直至停车的能力，其主要体现在制动距离、制动时间和制动减速度；制动方向稳定性表示的是汽车制动时仍能按指定方向的轨迹行驶，即不发生跑偏、侧滑、以及失去转向能力[19]。因此，制动距离越短、滑移率波动越小的控制策略的制动性能越好。

本仿真中设置 5 种路面条件：湿沥青路面（高附着系数）、泥土路面（中附着系数）、雪路面（低附着系数）、雪-泥土对接路面、泥土-雪对接路面。其中，雪-泥土对接路面中雪路面段的长度为 40m，泥土-雪对接路面中泥土路面段的长度为 20m。分别采用上述五种控制策略在不同路面条件下进行 ABS 制动仿真，对比分析不同控制策略下的制动时间、制动距离和滑移率变化情况，结果如图 6.16 所示。图 6.16 中，在低附着系数路面条件下，简单负反馈控制下的制动时间为 14.024s、制动距离为 113.7m，滑移率波动幅度较大，控制性能较差；而在常规 PID 控制下，制动时间和制动距离大大降低，分别为 11.535s 和 94.88m。但是在中、高附着系数路面或对接路面条件下，常规 PID 控制的响应较慢，而基于路面识别的自适应模糊 PID 控制策略在不同路面条件下均有较高的响应速度，同时能最大程度利用路面条件，制动时间和制动距离大大缩短，滑移率控制在对应路面的最佳滑移率附近，波动较小。表 6.5 所示为在初速度为 60km/h 时，不同制动控制策略下的仿真结果。

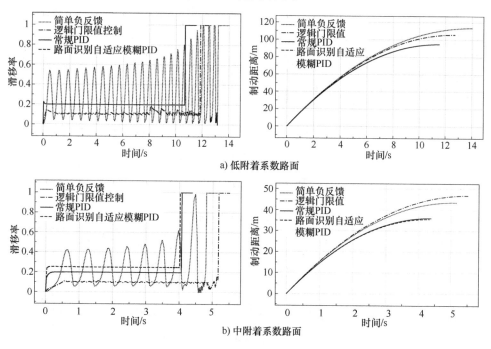

图 6.16 不同路面条件下的制动仿真结果

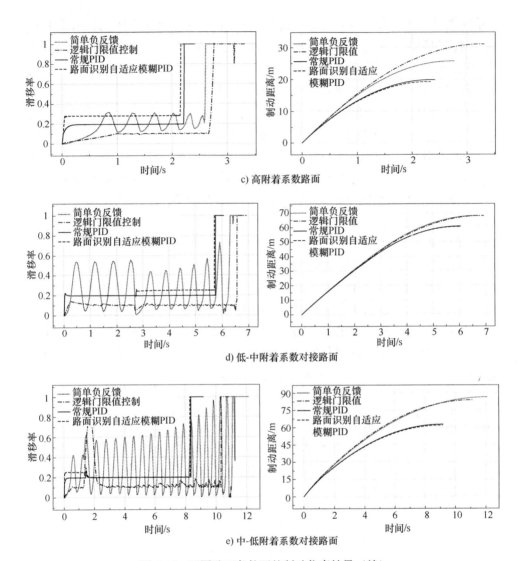

图 6.16　不同路面条件下的制动仿真结果（续）

表 6.5　不同制动控制策略的仿真结果

制动性能	路面条件	简单负反馈	逻辑门限值	常规 PID	路面识别模糊 PID
制动时间/s	低	14.024	12.783	11.535	11.515
	中	5.12	5.463	4.384	4.35
	高	2.786	3.29	2.419	2.339
	低-中	6.773	6.907	6.069	6.017
	中-低	12.128	11.188	9.201	9.183

（续）

制动性能	路面条件	简单负反馈	逻辑门限值	常规 PID	路面识别模糊 PID
	低	113.7	106.4	94.88	94.82
	中	43.67	46.93	36.16	35.69
制动距离/m	高	25.65	30.95	19.78	19.19
	低-中	68.05	68.07	60.81	60.58
	中-低	86.48	83.96	62.64	61.83

6.4　汽车磁流变液制动器防抱死制动实验研究

6.4.1　实验系统研制

　　根据图 6.3 所示的原理图，搭建 1/4 汽车磁流变液制动实验系统如图 6.17 所示。其中，磁流变液制动器的控制原理如图 6.18 所示，利用摄像头采集实时路面信息并传输至上位机，通过路面识别系统判定路面条件，并经过通信模块将路面信息发送给电子控制单元（Electronic Control Unit，ECU），轮速传感器和车速传感器将所采集信号传输给 ECU，计算出实时滑移率，并通过内部控制算法计算出磁流变液制动器所需电流值，由 ECU 将电流控制信号传给驱动电路。

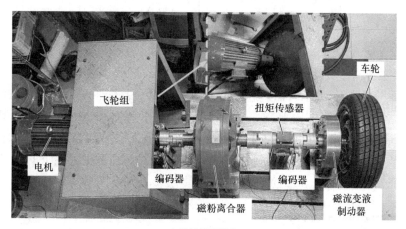

a) 机械传动部分

图 6.17　1/4 汽车磁流变液制动实验系统实物图

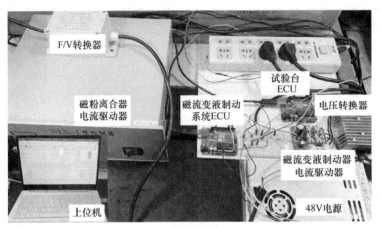

b) 硬件控制系统

图 6.17　1/4 汽车磁流变液制动实验系统实物图（续）

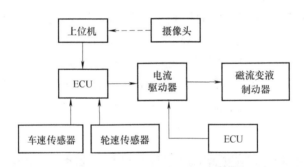

图 6.18　磁流变液制动器控制原理示意图

在上位机中，利用卷积神经网络（Convolutional Neural Networks，CNN）算法对路面图像进行识别，操作流程如图 6.19 所示。首先收集原始图像资料，并进行分类标记；然后使用 Keras 构建 CNN 模型，并将图 6.20 所示的路面图像数据集汇入 CNN 模型中进行训练；最后向训练好的模型中输入待识别图像便可得到分类结果。训练过程中随机挑选 63 个样本进行训练，并使用余下的 27 张图像进行验证，结果表明，最终训练好的模型具有 95.56% 的正确率。

6.4.2　磁粉离合器标定实验

磁粉离合器主、从动转子间的传递力矩与励磁电流的关系是准确模拟路面附着系数的关键。为了保障测试精度，需要先对磁粉离合器的静态参数进行标定。标定实验中，电机作为动力源连接磁粉离合器的主动转子，磁粉离合器的

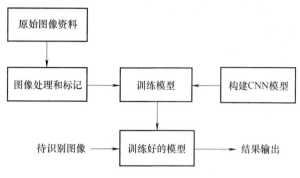

图 6.19　路面图像识别系统流程图

a) 雪路面　　　　　　　　　b) 泥土路面　　　　　　　　c) 沥青路面

图 6.20　路面图像数据集

从动转子通过扭矩传感器连接磁流变制动器。实验测得励磁电流由 0→1A（每隔 0.1A 为一组），磁粉离合器的传递力矩与励磁电流的关系如图 6.21 所示。由图 6.21 可见，传递力矩 T 与励磁电流 I 之间近似呈线性关系。经过拟合，得出两者的关系式为

$$I = 0.003921T - 0.05459 \qquad (6.23)$$

上式中拟合结果中有一个常数，这是由实验装置传动结构和磁粉离合器的自身摩擦所致。

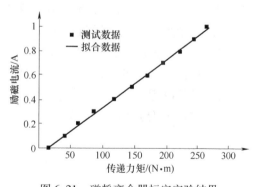

图 6.21　磁粉离合器标定实验结果

6.4.3　路面附着系数跟踪控制实验

选取湿沥青→雪→湿鹅卵的对接路面条件下，进行附着系数的跟踪控制实验，以时间 t 为输入量、PWM 信号占空比 d 为输出量，其设计流程如图 6.22 所

示。首先，根据路面附着系数随时间变化曲线，拟合得到路面附着系数 μ 与时间 t 的关系式；其次，加入式（6.20）中路面附着系数 μ 与传递力矩 T 的关系式；再次，根据磁粉离合器标定实验数据，拟合得到励磁电流 I 与传递力矩 T 的关系式；最后，考虑到实际控制时通过改变 PWM 信号占空比来调节励磁电流，拟合得到 PWM 信号占空比 d 与励磁电流 I 的关系式。

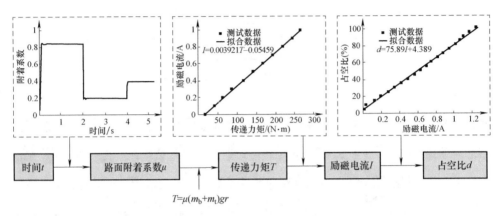

图 6.22　路面附着系数跟踪控制算法流程图

根据选取对接路面条件下预期滑移率的变化曲线，通过轮胎模型计算得路面附着系数和磁粉离合器励磁电流的变化，将附着系数期望值和实验值进行对比，结果如图 6.23 所示，实验中，制动初速度为 40km/h。由图 6.23 可见，整个跟踪控制过程中，附着系数的实验值存在较小幅度的波动，其与理论值之间的最大误差发生在 2.19s，最大误差值仅为 6.2%，而在路面附着系数突变的时间点上，实验值与期望值相比有很小的滞后，滞后时间在 60ms 以内，由此可见实验值总体上基本符合期望值的变化趋势，跟踪控制效果良好。分析上述现象主要是由于数据拟合误差、实验中使用传感器的测量误差以及控制算法运行时间等因素导致的。

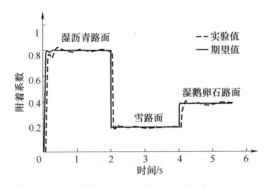

图 6.23　对接路面下附着系数实验值与期望值对比

6.4.4　车辆制动模拟实验

分别在湿沥青、湿鹅卵石和雪路面下开展制动模拟实验，得到单一路面条件下车速、轮速和滑移率变化曲线如图 6.24 所示。由图 6.24 可见，汽车在湿沥青路面上制动时，车轮几乎没有出现抱死现象，仅在制动结束前 0.1s 由于系统摩擦导致轮胎抱死，车速下降较为平稳，轮速在下降过程中存在一定程度波动，这主要是由 ABS 控制特性导致，实测滑移率基本控制在仿真值附近。总体而言，实验值与仿真值的变化趋势基本吻合；相对于湿沥青路面上，在湿鹅卵石路面上制动时车速下降较缓，车速和轮速的下降过程中均存在波动，有明显的 ABS 控制效果。随着附着系数的减小，尽管制动初速度降低，但制动时间却逐渐变长，这主要是由于附着路面较低的路面所能提供的路面制动力较小所致。

当制动初速度为 90km/h 时，在湿沥青→雪→湿鹅卵石的对接路面上制动时的车速、轮速和滑移率变化曲线如图 6.25 所示。在 0~2s，由于附着系数较大，轮速的波动较小，车速下降较快；在 2s 时由湿沥青路面变到雪路面，随着路面附着系数的降低，路面制动力减小，轮速波动变大，车速下降趋势变缓；在 4s

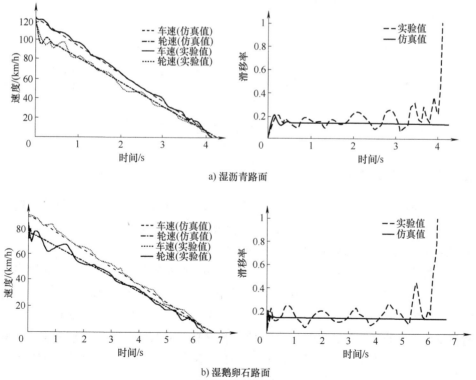

a) 湿沥青路面

b) 湿鹅卵石路面

图 6.24　单一路面条件下车辆制动模拟实验结果

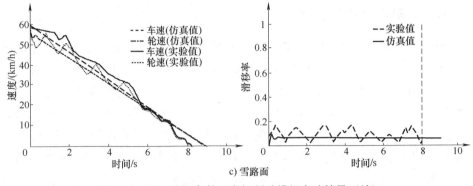

c) 雪路面

图 6.24　单一路面条件下车辆制动模拟实验结果（续）

时由雪路面变到湿鹅卵石路面，由于附着系数的增大，车速下降加快。总体而言，制动过程中车速和轮速的实验值与仿真值下降趋势基本吻合，这也证明了仿真的正确性。

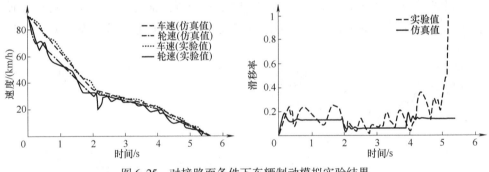

图 6.25　对接路面条件下车辆制动模拟实验结果

6.4.5　ABS 制动实验

为了进一步研究汽车磁流变液制动器的 ABS 制动控制效果，分别开展无防抱死功能制动和基于路面识别的自适应模糊 PID 控制的防抱死制动对比实验，并与仿真结果进行对比，结果如图 6.26 所示。在低附着系数路面上制动时，无防抱死功能的制动时间为 13.8s、制动距离为 115.41m，在制动开始的 0.2s，车轮即发生抱死，此后滑移率一直维持在 100%。而采用基于路面识别的自适应 PID 控制的防抱死制动效果较好，制动时间和制动距离分别缩短为 11.5s 和 95.36m。在 0.2s，滑移率从 0 上升到 20%，之后一直维持在低附着系数路面的最佳滑移率附近，整个制动过程中车轮不发生抱死。图 6.26d 中，滑移率在 0.2s 从 0 上升到 25%，之后维持在中附着系数路面的最佳滑移率附近波动，直到 1.4s 路面变为低附着系数路面，滑移率也相应发生变化，从 25% 降到 20% 附近波动。通过对比滑移率变化曲线，其实验值和仿真值比较接近，验证了仿真的正确性。

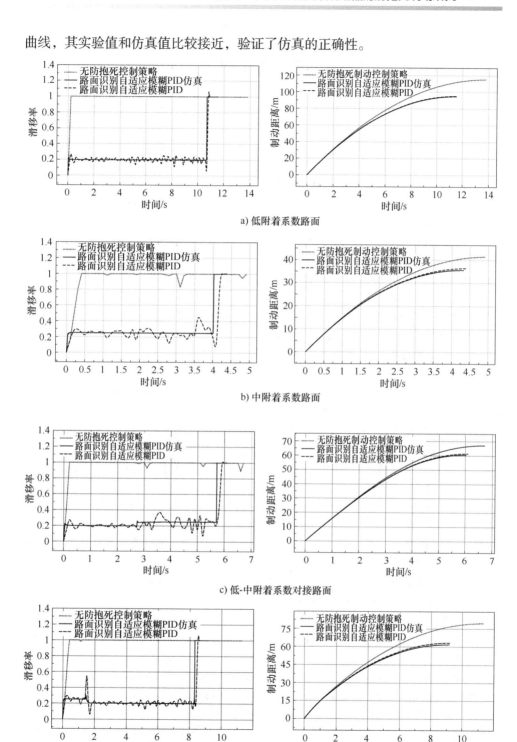

a) 低附着系数路面

b) 中附着系数路面

c) 低-中附着系数对接路面

d) 中-低附着系数对接路面

图 6.26　不同路面条件下 ABS 制动实验结果

参 考 文 献

［1］ MIRZAEI M, MIRZAEINEJAD H. Optimal design of a non-linear controller for anti-lock braking system ［J］. Transportation Research Part C：Emerging Technologies, 2012, 24：19-35.

［2］ 陈东, 刘梦洋, 徐朋朋, 等. 电动自行车整车制动检测平台的仿真研究 ［J］. 机械设计与制造, 2021（2）：121-125.

［3］ GUAN HSIN, WANG BO, LU PINGPING, et al. Identification of maximum road friction co-efficient and optimal slip ratio based on road type recognition ［J］. Chinese Journal of Mechanical Engineering, 2014, 27（5）：1018-1026.

［4］ 许艺方. 新能源汽车制动防抱死系统研究与优化 ［J］. 微型电脑应用, 2021, 37（03）：124-127.

［5］ 倪泉. ABS 试验台关键技术研究 ［D］. 常州：常州大学, 2015.

［6］ 徐猛. 装有 ABS 汽车制动试验台的研究 ［D］. 上海：上海海事大学, 2006.

［7］ 全国汽车标准化技术委员. QC/T564—2018 乘用车行车制动器性能要求及台架试验方法 ［S］. 北京：中国计划出版社, 2018.

［8］ 王程. 高性能电车用磁粉离合器的研究 ［D］. 南京：南京理工大学, 2012.

［9］ XU SHANZHEN, WANG CHENG, DAI JIANGUO. Design and analysis of a vehicle magnetic particle clutch with permanent magnets ［J］. International Journal of Applied Electromagnetics and Mechanics, 2017, 54（2）：177-186.

［10］ 张巍. 气压制动系统 ABS 硬件在环测试平台研究 ［D］. 武汉：武汉理工大学, 2013.

［11］ 张代胜. 汽车理论 ［M］. 合肥：合肥工业大学出版社, 2011.

［12］ 王国微. 基于路面识别的电动汽车驱制动控制策略研究 ［D］. 合肥：合肥工业大学, 2019.

［13］ 李军强, 赵蕾, 秦成功, 等. 用于坡路助行的主/被动力矩实现方法研究 ［J］. 仪器仪表学报, 2020, 41（01）：84-91.

［14］ 王道明, 姚兰, 邵文彬, 等. 汽车磁流变液制动器温度特性仿真与试验研究 ［J］. 机械工程学报, 2019, 55（06）：100-107.

［15］ 高瞻, 宋爱国, 秦欢欢, 等. 蛇形磁路多片式磁流变液阻尼器设计 ［J］. 仪器仪表学报, 2017, 38（04）：821-828.

［16］ WANG D M, WANG Y K, PANG J W, et al. Development and control of an MR brake-based passive force feedback data glove ［J］. IEEE Access, 2019, DOI：10.1109/AC-CESS. 2019. 2956954.

［17］ WU JIE, HU HONG, LI QINGTAO, et al. Simulation and experimental investigation of a multi-pole multi-layer magnetorheological brake with superimposed magnetic fields ［J］. Mechatronics, 2020, 65, Article 102314.

［18］ 李松淼, 闵永军, 王良模, 等. 轮胎动力学模型的建立与仿真分析 ［J］. 南京工程学院学报（自然科学版）, 2009, 7（3）：34-38.

［19］ 陈晓楼. 基于硬件在环技术的 ABS 仿真测试系统 ［D］. 杭州：浙江工业大学, 2017.

第7章　基于磁流变液制动器的汽车制动踏板感觉模拟器

　　面向汽车线控制动需求，本章研制一款基于磁流变液制动器的汽车制动踏板感觉模拟器，并对其整体结构设计、踏板感觉模拟性能、控制算法及其效果等展开理论建模、仿真分析及实验研究。首先，完成基于磁流变液制动器的汽车制动踏板感觉模拟器的设计与参数计算；其次，开发制动踏板感觉模拟控制算法、汽车制动意图辨识及制动强度输出算法，利用模糊控制算法对其制动意图辨识并建立变车速条件下制动强度控制模型；最后，搭建汽车制动踏板感觉模拟器实验平台，进行制动踏板模拟器感觉模拟实验，并与汽车磁流变液制动实验台开展联合制动控制实验、制动意图识别实验及制动强度输出实验，验证所提出理论和方法的有效性和正确性。

7.1　汽车制动踏板感觉模拟器设计

7.1.1　结构设计及工作原理

　　制动踏板感觉模拟器是未来电动汽车线控制动中不可或缺的装置，主要完成两个功能[1]：①为电动汽车线控制动系统提供制动踏板[3]；②用于模拟传统制动踏板提供给驾驶员的制动踏板感觉，即传统制动踏板的踏板力与踏板位移的特征关系。

　　图7.1所示为所设计的基于磁流变液制动器的汽车制动踏板感觉模拟器。光电编码器与踏板转轴连接，用于实时检测踏板位移和踏板速度；踏板力传感器固定于制动踏板上，用于检测驾驶员踩下踏板时所产生的踏板力；扭簧一端连接于支架上，另一端连接于制动踏板上。当踩下制动踏板时，带动扭簧扭转产生扭力矩；松开制动踏板后，在扭簧扭力矩的作用下，制动踏板能够及时回位。超越离合器具有自动离合功能，用于实现踏板转轴与大齿轮转轴间力的传递与分离，大齿轮与小齿轮啮合传动，用于实现力矩的传递，磁流变液制动器用于提供相应阻尼力矩，其力矩值由通入励磁线圈的电流控制。

　　图7.2为汽车制动踏板感觉模拟器工作原理图。在制动过程中，驾驶员通

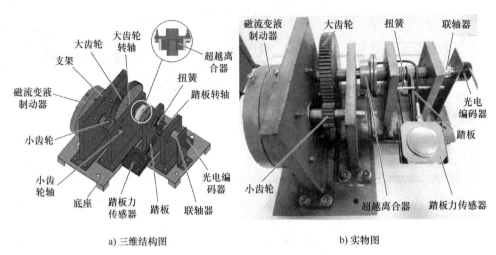

a) 三维结构图   b) 实物图

图 7.1   基于磁流变液制动器的汽车制动踏板感觉模拟器

过踩踏制动踏板实现对汽车的制动控制。当踩下制动踏板时，带动踏板转轴转动，接着齿轮组转动，同时光电编码器测得此时的踏板位移信号和踏板速度信号，并将信号传输给数据采集单元，由数据采集单元将采集的数据经过适当转换后传送给电控输出单元，由电控输出单元给磁流变液制动器的励磁线圈输出相应的激励电流，为其提供所需的阻尼力矩，从而模拟出驾驶员踩下踏板时的制动踏板感觉。

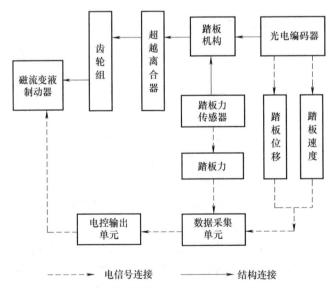

- - - - → 电信号连接   ——→ 结构连接

图 7.2   汽车制动踏板感觉模拟器工作原理图

7.1.2　制动踏板感觉模拟器性能要求

图 7.3 所示为当驾驶员踩下制动踏板时，其受力分析图。图中，L_1 为制动踏板的初始位置，L_2 为制动踏板踩下后的位置，F 为制动踏板所承受的踏板力，其直接作用于踏板力传感器上，并由踏板力传感器采集获得，r 为踏板力 F 到踏板转轴旋转中心线 O 的垂直距离，α 为制动踏板旋转角度。

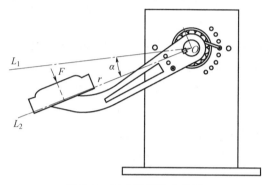

图 7.3　制动踏板受力分析

在初步设计中，不考虑弹簧扭矩及摩擦阻力矩，可得踏板力与磁流变液制动器阻尼力矩、踏板速度与小齿轮转轴转速之间的关系如下：

$$T = \frac{r}{R_i} \cdot F \tag{7.1}$$

$$\omega = \frac{30R_i}{\pi r} \cdot v \tag{7.2}$$

式中，F 为踏板力；T 为磁流变液制动器的阻尼力矩；v 为踏板速度；ω 为小齿轮转轴转速；R_i 为大齿轮与小齿轮的传动比。

所设计制动踏板模拟器技术要求为：踏板位移 120mm，最大踏板力 500N，踏板最高速度 500mm/s，踏板力到转轴旋转中心距为 150mm，齿轮传动比为 4。将上述数据带入式（7.1）和式（7.2）中，则可计算出所需磁流变液制动器最小阻尼力矩为 18.75N·m、小齿轮转轴转速为 120r/min、制动踏板的转动角度为 45.84°。

7.1.3　主要零件选型计算

根据上述最大踏板力和踏板力矩长度要求，计算得踏板转轴需要承受 75N·m 的扭力矩，因此选用 CK-A1747 型超越离合器，其材质为轴承钢，额定扭矩 75N·m，超越极限转速中，内环 1575r/s、外环 400r/s，符合要求。

扭簧的作用是为制动踏板的回位提供一个作用力。但在踩下踏板时，扭簧同时会提供一个阻力矩阻碍制动踏板的旋转，故在计算磁流变液制动器所需提供的阻尼力矩时要加以考虑。

弹簧扭力计算公式为[4,5]

$$T_s = \frac{Ed_s^4 \alpha_s}{3670 n_s D_s} \tag{7.3}$$

式中，d_s 为线径；D_s 为中径；n_s 为有效圈数；E 为材料弹性模量；α_s 为扭簧转动角度。

本设计中所选扭簧的主要参数为：材质 60Si2Mn（材料弹性模量 206GPa），有效圈数 4，线径 3mm，中径 29mm。

将上述参数带入式（7.3），可得扭簧的扭力矩为

$$T_s(\alpha) = 0.0392\alpha_s \tag{7.4}$$

由于实验中所采集的参数为踏板位移 s，s 与 α_s 之间的关系为

$$\alpha_s = \frac{180s}{150\pi} = \frac{6}{5\pi}s \tag{7.5}$$

故扭簧的扭力矩与踏板位移之间的关系为

$$T_s = 0.01497s \tag{7.6}$$

则扭簧引起的踏板力与踏板位移的关系为

$$F_s = \frac{T_s}{r} = 0.0998s \tag{7.7}$$

如图 7.4 所示，虚线为扭簧单独作用下踏板位移与踏板力的关系曲线的实测值，实线为由式（7.7）拟合得到的理想关系曲线，结果表明该扭簧的扭力矩输出特性基本符合设计要求。

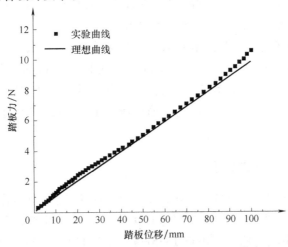

图 7.4 扭簧引起的踏板力与踏板位移的关系曲线

7.2 基本性能实验及电流实时控制算法设计

在完成制动踏板感觉模拟器设计后，需要测试其基本性能，以检验是否满足性能要求。本节主要测试制动踏板感觉模拟器的踏板力特性，并考虑线圈响应滞后对踏板力-踏板位移特性关系精确拟合的不利影响，设计一种控制算法用于消除磁滞的影响。

7.2.1 制动踏板感觉模拟器基本性能实验

模拟传统制动踏板特性是制动踏板感觉模拟器设计的关键[6,7]。所设计制动踏板感觉模拟器的摩擦阻力矩主要来源于磁流变液黏滞阻力矩和实验台库仑摩擦阻力矩，由于这两个参数均只受转轴转速的影响，故将两者统一分析。图7.5所示为未施加激励电流时，所测不同踏板速度下的踏板力。实验中，通过调节步进电机转速，将小齿轮转轴转速从0逐渐增至120r/min，即模拟踏板速度从0逐渐增至500mm/s。由图7.5可见，随着踏板速度的增加，踏板力保持在17N左右波动，表明在踏板速度为500mm/s内，踏板力受踏板速度的影响较小，故踏板速度对摩擦阻力矩引起的踏板力的影响可以忽略不计。

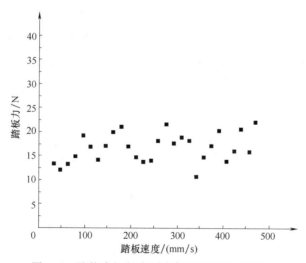

图7.5 无激励电流时不同踏板速度下的踏板力

在排除踏板速度对摩擦阻力矩引起的踏板力影响后，研究踏板速度对磁流变液制动器磁致阻尼力矩引起的踏板力的影响。图7.6所示为激励电流0.4A作用下，不同踏板速度时由磁流变液制动器磁致阻尼力矩引起的踏板力的变化情况。可见，踏板力随着踏板速度的增大略有增加，但增加量很小。而在同一踏板速度下踏板力的波动很小。总体而言，相同激励电流下，踏板速度对踏板力的影响较小。

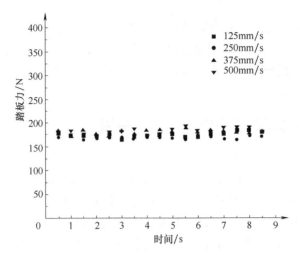

图 7.6　激励电流 0.4A 时踏板速度对踏板力的影响

当激励电流从 0→1.1A→0 变化时，测得踏板力与激励电流的特征关系曲线如图 7.7 所示，由图可以看到，实验中电流上升段和下降段的两条曲线并不重合，具体来说，踏板力随电流减小时变化速度明显慢于随电流增大时变化速度。分析原因主要是：磁流变液制动器励磁线圈的电流控制中存在一定的磁滞效应，其对踏板力的精确控制非常不利。需要指出的是，在电流上升曲线中，当电流为 1.1A 时，所测踏板力为 552N，其值大于 500N，符合设计要求。

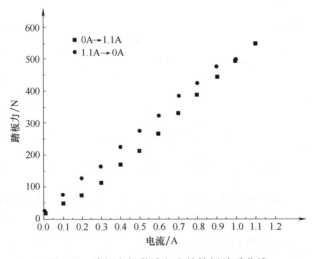

图 7.7　踏板力与激励电流的特征关系曲线

7.2.2　制动踏板感觉模拟控制算法

1. 传统制动踏板特性分析

图 7.8 所示为某型汽车采用的具有真空助力装置的传统制动踏板，其踏板力与踏板位移之间的特征关系曲线[8]，由图可知，传统制动踏板的踏板位移与踏板力之间呈现一种非线性关系，并且随着踏板位移的增加，踏板力的变化率也在不断变化[9]。由于磁流变液制动器的励磁电流控制可以根据实时踏板位移所对应的踏板力，推算出此时所需电流值，从而较为准确地模拟出这种非线性关系，以用于后面的设计中。

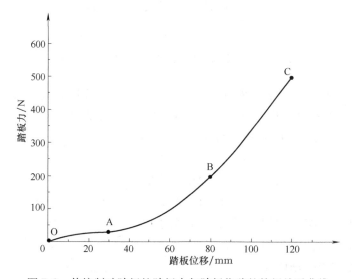

图 7.8　传统制动踏板的踏板力与踏板位移的特征关系曲线

2. "归零控制"原理及控制思路

本实验在励磁电流降为 0 后，再次对其施加电流，观察制动踏板感觉模拟器的踏板力特性。图 7.9 所示为激励电流从 0→0.4A→0→0.8A→0→1.1A→0 变化过程中踏板力的变化情况，图中当电流从 0 分别增至 0.4A、0.8A、1.1A 时，踏板力与图 7.7 中电流上升阶段的对应值基本吻合。而当电流从不同值快速降为 0 时，其踏板力基本相等且保持稳定，并未出现明显的磁滞作用。通过该实验表明，当电流降为 0 时，磁滞效应对踏板力的影响很小。因此根据此特性并结合制动踏板的特点，设计一种"归零控制"算法以消除磁滞的影响。

"归零算法"的基本思路是：当制动踏板处于踩下状态或者保持制动踏板位置时，踏板位移未曾变小，即电流值未曾减小，则根据此时的踏板位移给磁流变液制动器施加相应激励电流值；当制动踏板松开时，即踏板位移变小，便需

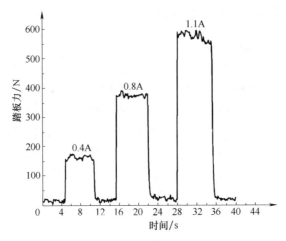

图 7.9 激励电流变化过程中踏板力的变化情况

要对激励电流进行"归零"处理。该算法流程如图 7.10 所示,当踏板松开时,踏板位移减小且踏板速度 $v<0$,将激励电流变为 0;当踏板位移不再变小且踏板速度 $v \geq 0$ 时,则根据此时的踏板位移施加相应激励电流值 $I=f(s)$。这样即可实现在每次踩下制动踏板时,踏板位移与踏板速度对应的电流值都是从 0 开始增加的,从而有效避免了磁滞效应对踏板力控制效果的干扰,有助于保持实际踏板值与理论踏板值的吻合。

3. 电流实时跟踪算法

"归零算法"要求电流能够实时变化到所需值,由于线圈电路工作时存在电感导致响应滞后,会影响电流的实时性。在磁流变液制动器中,磁流变液在磁场作用下其流变响应速度一般在几毫秒之内,可忽略不计。而利用恒压源对励磁线圈进行控制时,线圈可等效为一个电感与一个电阻组成的串联电路[10],如图 7.11 所示。

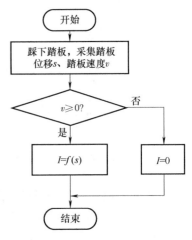

图 7.10 "归零控制"算法流程

假设电感值为 L、电阻值为 R、电源输出电压为 U,则有

$$L\frac{\mathrm{d}I}{\mathrm{d}t}+RI=U \tag{7.8}$$

通过变换可得

$$I(t)=\frac{U}{R}(1-\mathrm{e}^{-\frac{t}{\tau}}) \tag{7.9}$$

式中，τ 为电流响应时间，$\tau=L/R$。

由式（7.9）可以看出，电流响应模型为一阶惯性环节[11]，其响应时间为电流达到稳定值63.2%时所需时间，可通过阶跃响应实验计算而得。图7.12为三组不同电流值的阶跃响应结果，可得响应时间均约为90ms。由于制动踏板工作时基本处在快速运动状态，较大延时不利于其精确控制。若制动踏板到达某位置时不能够及时给磁流变液制动

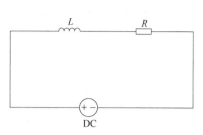

图 7.11　励磁线圈的等效电路

器的励磁线圈输入所需电流值，则制动踏板模拟器也无法给驾驶员提供相应的踏板力。

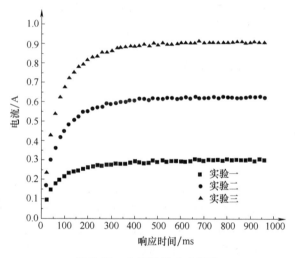

图 7.12　电流阶跃响应实验

分析式（7.9）可得，有如下三种途径可以缩短励磁线圈的电流响应时间：①改变线圈电路中的电阻值，通过给磁流变液制动器的线圈电路串入阻值为 R_0 的电阻（见图7.13），相较于未串入电阻前，线圈的电流响应速度明显改善，但同时所需电源输出电压值也相应增加，这将加大功率损耗，故该方案只能在一定条件下改善电流响应速度；②通过减小线圈匝数、半径和宽度等方式降低励磁线圈的电感值，该方法在减小线圈电感的同时也减小了电阻值，效果不理想；③通过加大输出电压，使激励电流快速

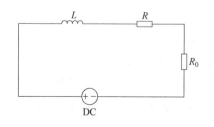

图 7.13　励磁线圈串入电阻后的等效电路

增大所需电流值。

综合考虑，选取第三种方法，通过设计一种实时跟踪预测算法，以使电流能够快速达到所需值，具体如下：

图 7.14 所示为电流阶跃响应分析图。假设某一时刻响应值为 I_0，此时施加电流 I_1，则需要时间 5τ 才能达到所需值；若此时施加电流 I_2，则只需时间 τ_1 即可达到所需值。由于 $\tau_1 \ll 5\tau$，利用该原理设计相应控制算法，可实现电路的快速响应。

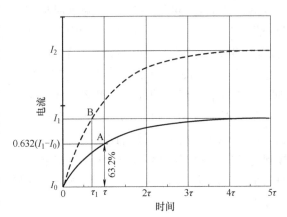

图 7.14　电流阶跃响应分析图

当施加电流 I_2 时，有如下关系式：

$$(I_2-I_0)\left(1-\mathrm{e}^{-\frac{\tau_1}{\tau}}\right)=I_1-I_0 \tag{7.10}$$

则可得

$$I_2=\frac{I_1-I_0}{1-\mathrm{e}^{-\frac{\tau_1}{\tau}}}+I_0 \tag{7.11}$$

根据上述原理，设计电流跟踪控制算法如下：假设某时刻踏板位移对应的电流已达到稳定值 I_0，则踩下踏板后，踏板位移改变，相应算出新的所需电流值 $I_0+\Delta I$，其中 ΔI 为此时所需电流值相对上次电流值的增量，$\Delta I=I_1-I_0$。然而由于延迟的存在会使电流不能够快速到达所需值，需要一段较长时间使电流上升才能达到 $I_0+\Delta I$。因为所选用数据采集卡的最大采样周期为 20ms，并且每采样一次输出一次脉冲宽度调制（Pulse Width Modulation，PWM）信号，故在一个采样周期内，PWM 值是固定的。为保证电流在 20ms 内能达到所需值，就需要在 20ms 内给线圈输入更大的电压值 I_2，并且为了保证不超调，取 $\tau_1=0.02\mathrm{s}$。

将 $\tau_1=0.02\mathrm{s}$ 代入式（7.11），可得

$$I_2=5\Delta I+I_0 \tag{7.12}$$

实际控制时，由于硬件等因素限制，实际输出电流与理想输出电流有一定偏差，所以用实测电流 I 代替理论值 I_0，从而形成一个反馈调节。即

$$I_2=5\Delta I+I \tag{7.13}$$

7.2.3　踏板特性参数关系设计

制动踏板感觉模拟器的效果主要体现在对传统制动踏板中踏板力与踏板位

移特征关系曲线的准确拟合。通过电流控制算法可模拟输出不同的踏板力与踏板位移的关系曲线，该控制算法主要研究在满足踏板力与踏板位移关系的前提下，激励电流与踏板位移的特征关系。

在驾驶员踩下踏板后，光电编码器采集到踏板位移 s 和踏板速度 v，上位机分析得此时需要提供的踏板力 F，根据踏板力 F 计算出磁流变液制动器所需提供的阻尼力矩 T，进而推算出所需提供电流值 I。最后，利用 PWM 信号为励磁线圈输入相应的电流值，而此时制动踏板上的踏板力传感器采集得实时踏板力。通过上述过程，即可实现利用该模拟器进行踏板感觉模拟。

图 7.15 为踏板力与踏板位移特征关系曲线，其拟合关系式为

$$F_t = 4.65001 + 0.54042s + 0.01091s^2 + 0.15835 \times 10^{-3} s^3 \qquad (7.14)$$

式中，F_t 为理论踏板力。

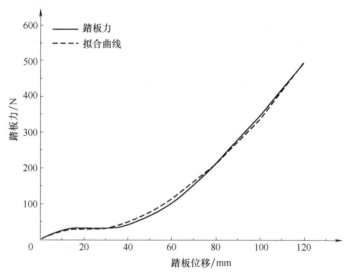

图 7.15　踏板力与踏板位移特征关系曲线

图 7.16 为电流增加阶段激励电流与踏板力的特征关系曲线，对其进行拟合，得到激励电流与踏板力的特征关系式为

$$I = -0.0469 + 0.00343F_c - 5.13951 \times 10^{-6} F_c^2 + 4.89031 \times 10^{-9} F_c^3 \qquad (7.15)$$

式中，F_c 为磁流变液制动器所需提供的踏板力，其表达式为

$$F_c = F_t - 0.0998s \qquad (7.16)$$

则励磁线圈所需电流为

$$I = F_c^{-1} [F_t - 0.0998s] \qquad (7.17)$$

考虑磁滞影响，引入"归零控制"系数 α_0，对式（7.17）进行调整，得

$$I = \alpha_0 F_c^{-1} [F_t - 0.0998s] \qquad (7.18)$$

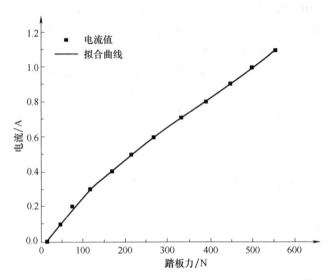

图 7.16 电流增加阶段激励电流与踏板力的特征关系曲线

式中，当 $v \geqslant 0$ 时，即可判断为驾驶员踩下踏板或者保持踏板位置，则 $\alpha_0 = 1$；当 $v < 0$ 时，即可判断为驾驶员松开踏板，则 $\alpha_0 = 0$。

PWM 值通过改变占空比来调节。图 7.17 为占空比 d_z 与激励电流 I 的特征关系，对其进行拟合可得

$$d_z = 4.16 + 90.93I \qquad (7.19)$$

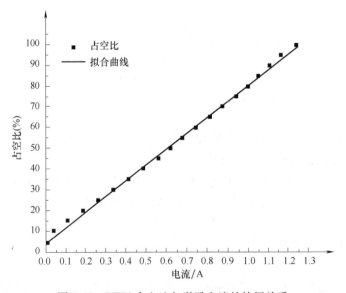

图 7.17 PWM 占空比与激励电流的特征关系

综上所述，可以得到电流实时跟踪控制算法的流程，如图 7.18 所示。

图 7.18　电流实时跟踪控制算法流程图

7.3　制动意图辨识及制动强度输出算法设计

制动意图辨识对于车辆的安全制动非常重要。本节将介绍制动意图的分类情况，并选取制动意图参数，基于模糊控制设计制动强度控制算法，再运用 MATLAB/SIMULINK 软件进行仿真分析。

7.3.1　制动意图分类

汽车的制动状态一般分为常规制动、中等制动和紧急制动[12]。常规制动的特点是制动时踏板位移小、踏板速度慢，一般用于车速较低或缓慢制动的场合，比如红绿灯路口缓慢停车、冰雪路面制动等情况。在红绿灯路口停车时，驾驶员提前减速，车速较低，只需缓慢踩下制动踏板，便能使汽车停下；而在冰雪路面制动时，驾驶员可采用点刹形式，缓踩缓抬使汽车缓慢停下。图 7.19 和图 7.20 所示分别为汽车缓慢制动和点刹制动时的踏板位移和踏板速度随时间的变化情况。

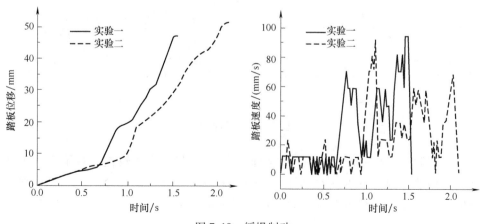

图 7.19　缓慢制动

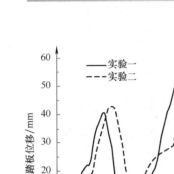
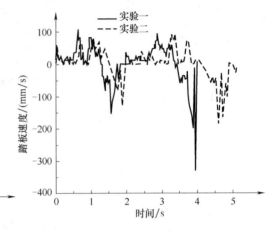

图 7.20 点刹制动

汽车中等制动的特点是制动时踏板位移和踏板速度适中，多用于车速适中、能在预期距离和时间内较平稳减速及制动的场合，比如汽车快速行驶需要转弯、快速停车等情况下。在汽车转弯时，由于速度不能过快，以免发生碰撞，需要将较高车速降为较慢车速再转弯，此时采取中等制动能够有效实现该过程。另外，在快速停车时，采用中等制动，能够实现汽车的快速准确停止。图 7.21 所示为汽车中等制动时踏板位移和踏板速度随时间的变化情况。

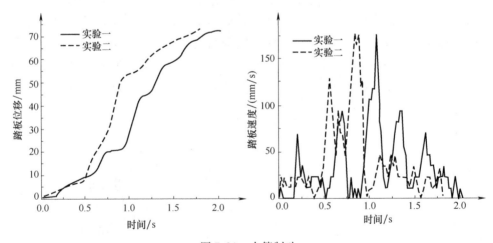

图 7.21 中等制动

汽车紧急制动的特点是制动时踏板位移长、踏板速度较快，多用于汽车高速或者中速行驶时发生突发事件，驾驶员采取紧急避险的场合。比如，驾驶汽车时，车辆前方突然出现一个障碍物，驾驶员出于本能反应，立刻快速踩下制动踏板，以期望能够及时实现汽车制动，从而避免汽车与障碍物的接触[13-15]。图7.22所示为汽车紧急制动时踏板位移和踏板速度随时间的变化情况。

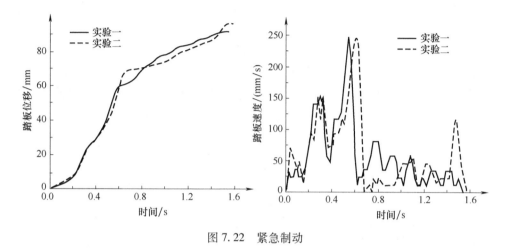

图7.22　紧急制动

7.3.2　制动意图参数选取

驾驶员在驾驶车辆时，制动踏板位移、踏板速度和踏板力直接取决于驾驶员的实时制动操作，能够直观表达驾驶员的制动意图。驾驶员在踩踏制动踏板时，踏板力由踏板力传感器采集，本身会受到很多干扰，其值不够稳定，存在一定的波动，故不作为考虑参数。最终采取踏板位移和踏板速度作为输入参数来进行制动意图辨识，而制动意图只能部分体现此时所需的制动强度，制动强度还受路况、车速等因素的影响。

目前汽车制动意图辨识方法有神经网络、马尔可夫算法等。这些算法的辨识精度高，但复杂度也较高，设计计算过程繁琐[16-18]。而模糊控制算法是一种比较接近人类思维的算法，其设计简单并且具有较高的计算速度和较好的实时性，能够满足一般的辨识要求[19]，故采用模糊控制算法来进行制动意图辨识。

7.3.3　控制算法设计

模糊控制是以模糊集合、模糊语言、模糊逻辑为基础的一种控制方法。模糊逻辑是给定输入参数与输出参数之间的一种基于隶属度的映射关系[20]。本节利用MATLAB中的模糊逻辑工具箱进行模糊控制器的设计，其主要提供五大模块，即模糊推理系统编辑器、隶属度函数编辑器、模糊规则编辑器、模糊规则观察器、模糊推理输入输出曲面视图，主要特点是模糊逻辑工具箱提供了一套建立模糊控制器的功能函数和图形化的系统操作界面。本部分的控制算法设计主要包含两部分内容：一是制动意图的识别，二是制动强度的输出。在识别制动意图后，需要对车辆进行有效制动以降低车速，使用制动减速度来代表此时需要输出的制动强度，减速度越大则代表此时需要输出的制动强度越大，车辆制动效果越明显。

如图 7.23 和图 7.24 所示，该部分控制算法主要包括数据采集单元、制动意图识别单元和控制输出单元三部分。制动意图识别单元根据数据采集单元采集的踏板位移和踏板速度辨识出制动意图，控制输出单元结合制动意图和车速实时输出相应的制动减速度。整体控制算法具体步骤如下：

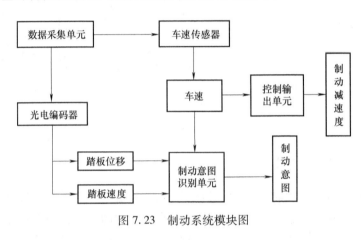

图 7.23　制动系统模块图

1）数据采集单元中的扭矩转速传感器采集车速，光电编码器采集踏板位移和踏板速度。

2）制动意图识别单元结合采集到的踏板位移和踏板速度，根据所设计的模糊控制器辨识出制动意图，其中制动意图可分为基本制动、缓慢制动、中等制动和紧急制动。

3）将车速与制动意图识别单元识别的制动意图共同输入控制输出单元，根据控制输出单元中的制动强度生成算法获得所需的制动减速度。

其中，步骤 2）中的模糊控制器在 MATLAB 的模糊逻辑工具箱中进行设计，其踏板位移用 L_s 表示，取值范围为 [0，100]，单位为 mm，分为较小、小、中、较大、大五种状态，分别用 VS、S、M、B、VB 表示；踏板速度用 V 表示，取值范围为 [0，300]，单位为 mm/s，分为小、中、大三种状态，分别用 S、M、B 表示；制动意图用 T 表示，其取值范围取为 [0，3]，分为基本制动、缓慢制动、中等制动、紧急制动四种状态，分别用 E、S、M、B 表示。然后建立模糊控制规则、确定各变量的隶属度和非模糊化，完成以上设置后，利用模糊规则观察器和输出曲面观察器观察所设计模糊控制器的结果是否与设想相同。

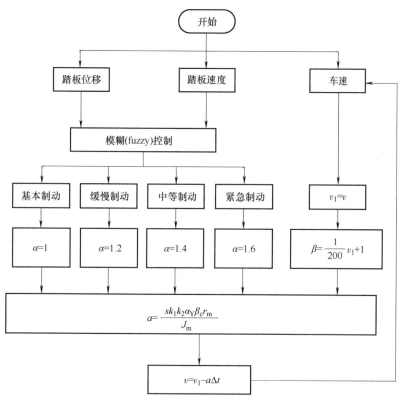

图 7.24　控制算法流程图

将模糊控制器置于 MATLAB/SIMULINK 中，建立制动强度控制模型。由于该模型中制动强度主要由车辆减速度表示，故建立车辆减速度数学模型。建模过程中所选用车型的基本参数见表 5.1。

汽车制动减速度 a 可表示为[21]

$$a = \frac{T_m r_m}{J_m} \qquad (7.20)$$

式中，T_m 为制动器制动力矩；r_m 为轮胎滚动半径；J_m 为转动惯量值，其表达式为

$$J_m = G_m r_m^2 \qquad (7.21)$$

式中，G_m 为制动器承受质量，其表达式为

$$G_m = \frac{G_a(l - 0.45 h_g)}{2 L_m} \qquad (7.22)$$

式中，G_a 为满载质量；l 为重心距前轴距离；h_g 为满载时重心高度；L_m 为轴距。

磁流变液制动器的制动力矩的计算如下：

$$T_m = k_1 I \qquad (7.23)$$

式中，k_1 为力矩电流系数，$k_1 = 111$；I 为励磁电流，其表达式为

$$I = s k_2 \alpha_Y \beta_c \tag{7.24}$$

式中，s 为踏板位移；α_Y 为制动意图系数；β_c 为车速系数；k_2 为位移电流系数，$k_2 = 0.018$。

制动意图系数 α_Y 的取值设为

$$\alpha_Y = \begin{cases} 1 & T = E \\ 1.2 & T = S \\ 1.4 & T = M \\ 1.6 & T = L \end{cases} \tag{7.25}$$

车速系数 β_c 的取值设为

$$\beta_c = \frac{1}{200} v_1 + 1 \tag{7.26}$$

式中，v_1 为上一时刻车速。

结合式（7.20）~式（7.26），可得车辆减速度 a 可表示为

$$a = \frac{s k_1 k_2 \alpha_Y \beta_c r_m}{J_m} \tag{7.27}$$

结合式（7.27），可得实时车速 v 可表示为

$$v = v_1 - a\Delta t = v_1 - \frac{s k_1 k_2 \alpha_Y (v_1 + 200) r_m}{200 J_m} \Delta t \tag{7.28}$$

式中，v_1 为上一时刻车速。

在制动意图辨识时，需要同时关注踏板位移和踏板速度的变化，当踩下踏板时能够识别到一个制动意图，而踏板位移停止时，踏板速度变为 0，此时辨识的制动意图可能变小，这就影响了制动意图辨识的准确性。故在实际设计中，在制动意图辨识过程中，一旦识别到更强的制动意图，便一直默认此次制动对应该制动意图，并且输出相应的制动强度。

在 MATLAB/SIMULINK 软件中分别建立车辆减速度、车速模型及制动意图辨识模型。其中，SIMULINK 仿真时间依据制动时间来设置，示波器中可以观察到实时车速、车辆减速度、制动意图系数、踏板速度、踏板位移等参数。仿真中利用斜坡信号进行分析，将斜坡信号输入踏板位移，将斜坡信号的导数输入踏板速度，观察并验证仿真结果是否有效。

如图 7.25 所示，保持踏板速度恒定，分析不同踏板位移下车速、车辆减速度、制动意图系数、踏板速度、踏板位移等参数的变化情况。本仿真共进行了三组，车速设置为 40km/h，踏板速度为 150mm/s，踏板位移分别为 40mm、70mm 和 100mm。从图 7.25 中可以看出，随着踏板位移的增加，制动意图系数逐渐增大，其识别的制动意图分别为缓慢制动、中等制动和紧急制动。在踏板

位移达到最大值时，能够保持所识别的制动意图系数。随着踏板位移的增大，车辆减速度增大，车速下降速率加快，其受制动意图系数的调节越明显。总体而言，所建立的制动强度控制模型能够实现车辆制动过程的有效控制。

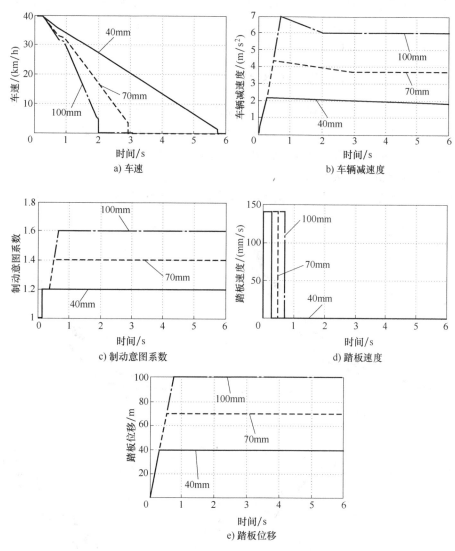

图7.25 不同踏板位移下各参数变化情况

7.4 汽车制动踏板感觉模拟器实验研究

本节主要利用所研制的基于磁流变液制动器的汽车制动踏板模拟器实物样

机，并结合汽车磁流变液制动模拟实验平台，开展如下实验研究：①制动踏板感觉模拟实验，主要模拟其对传统制动踏板特性曲线的跟踪效果，以验证所提出电流实时跟踪控制算法的有效性；②结合汽车磁流变液制动模拟实验平台对车辆制动过程进行联合控制，以验证所研制制动踏板模拟器的实际控制效果；③制动意图识别及制动强度输出实验，利用 LabVIEW 设计控制模块[22,23]，以验证所设计的制动控制算法的有效性。

7.4.1 制动踏板模拟器控制性能实验

如前文所述，能否实现对传统制动踏板特性曲线的精确模拟是衡量制动踏板模拟器性能优劣的关键指标。如图 7.26 所示为采用电流实时跟踪控制算法前后，踏板力、磁流变液制动器励磁电流及电流差、PWM 信号占空比等参数随踏板位移的变化情况。从图 7.26 中可以看出，未使用算法时，磁流变液制动器的励磁电流差明显较大，励磁电流和踏板力均存在明显的滞后；而采用算法后，

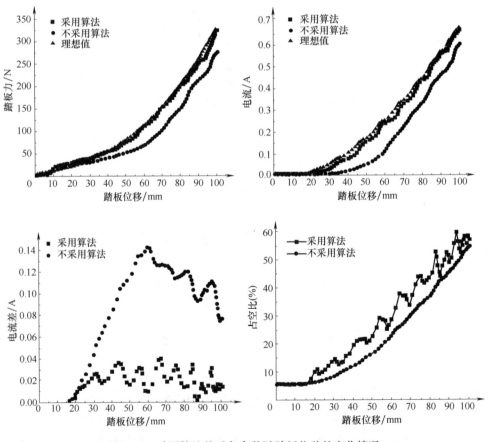

图 7.26 采用算法前后各参数随踏板位移的变化情况

电流差能够较好地控制在 0.04A 以内，此时不同踏板位移下踏板力和励磁电流与其理想值基本接近，表明跟随效果良好。未采用算法时，踏板位移与占空比的关系曲线较为平滑，而使用算法后两者的关系一直处于波动上升，表明此时正是算法起到了调节控制作用。

7.4.2　与汽车磁流变液制动模拟实验台联合控制实验

将所研制的制动踏板模拟器实物样机接入汽车磁流变液制动模拟实验台中，搭建了如图 7.27 所示的实验系统。整个实验系统主要由汽车磁流变液制动模拟实验台、制动踏板感觉模拟器、数据采集与控制组件三个部分组成。其中，汽车磁流变液制动模拟实验台的模拟对象为 A0 级汽车，其主要包括驱动电机、惯性飞轮组、转矩转速传感器和多盘式磁流变液制动器等。其中，驱动电机用于提供初始动能，惯性飞轮组用于存储动能以模拟汽车的平动动能，转矩转速传感器用于检测实时的扭矩与转速，多盘式磁流变液制动器用于提供制动力矩。图 7.28 为数据采集与控制组件工作原理图。

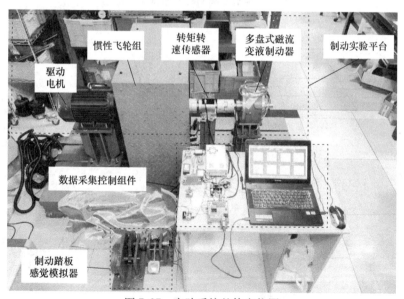

图 7.27　实验系统整体实物图

本实验结合汽车磁流变液制动模拟实验台对汽车制动过程进行联合控制，验证制动踏板感觉模拟器的实际应用效果。该实验分别进行了三组，其中两组为紧急制动 A 和 B、另一组为正常制动 C。得到汽车制动过程中踏板位移、踏板速度、踏板力、多盘式磁流变液制动器的制动力矩、车速等参数的变化情况如图 7.29 所示。由图 7.29 可见，两组紧急制动工况下，由于踏板位移变化情况基本相同，其踏板力曲线、制动力矩曲线和车速曲线均基本重合，表明了该制动

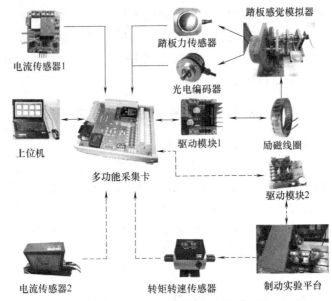

图 7.28 数据采集与控制组件工作原理

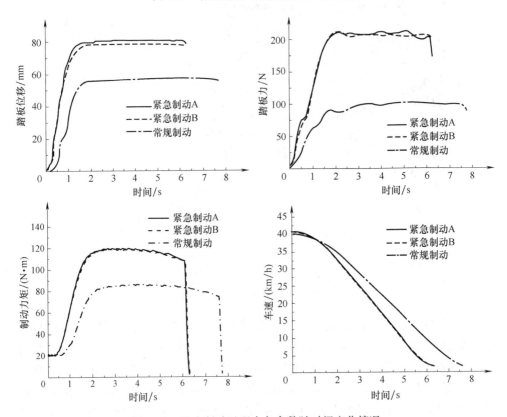

图 7.29 汽车制动过程中各参数随时间变化情况

踏板模拟器具有良好的可重复性，并且其对汽车磁流变液制动实验台具有较为稳定的控制效果；而正常制动工况下，由于最大踏板位移相对较小，其最大踏板力、制动力矩均相对较小，车速下降相对缓慢，制动时间较长。

图 7.30 所示为汽车制动过程中多次踩踏制动踏板情况下各参数随时间变化

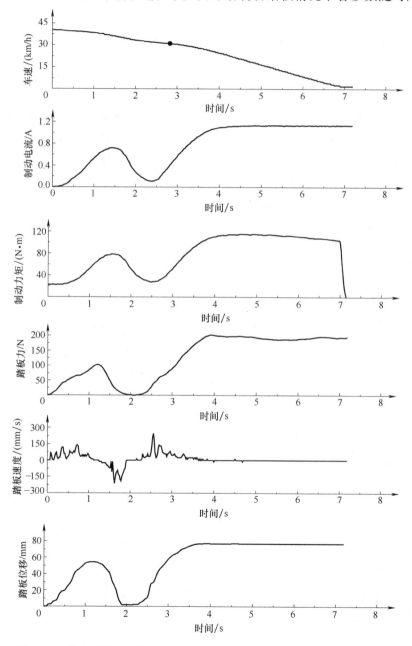

图 7.30　汽车制动过程中多次踩踏制动踏板情况下各参数随时间变化情况

情况，可以看到，在踩下制动踏板时，线圈励磁电流、制动力矩的变化与踏板位移的变化保持一致。具体来说，在第一次踩下制动踏板较小时，车速下降较慢，释放制动踏板后再次踩下制动踏板；踏板位移变得更大时，车速下降明显变快。该实验也验证了制动踏板感觉模拟器可以实现对汽车磁流变液制动模拟实验台的有效连续控制。

7.4.3 基于 LabVIEW 的制动控制算法实验

首先，利用 LabVIEW 软件中的模糊系统设计器设计模糊控制算法，并设定输入变量中的踏板位移与踏板速度的隶属度函数和输出变量中的制动意图的隶属度函数。利用 LabVIEW 设计的实验控制系统，其中踏板位移、踏板速度、车速通过数据采集卡采集，研究不同制动意图下，踏板位移、踏板速度、车速的变化情况。实验中，分别开展了慢踩、点刹、中踩、快踩四种情况实验，并在 LabVIEW 中显示出各参数的变化情况。

如图 7.31 所示，慢踩时踏板位移和踏板速度都较小，踏板位移最大为

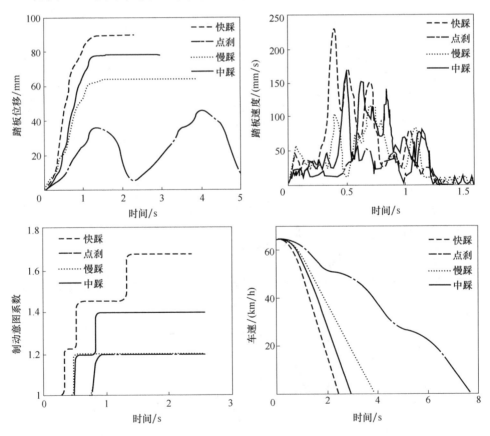

图 7.31　不同制动强度下各参数变化曲线

65mm，踏板速度最大值为 122mm/s，其制动意图系数输出为 1.2，踏板速度在 3.8s 时下降为 0。点刹时踏板位移呈增大再减小的变化。踏板位移最大值为 50mm，踏板速度不超过 100mm/s，辨识出的制动意图系数为 1.2，车速呈波动下降，大约需要 7.7s 车速下降为 0。快踩时踏板位移在 1.2s 增至最大值，踏板速度最大值不超过 250mm/s，制动意图系数逐渐增大，最后稳定在 1.6，辨识为紧急制动，车速在 2.4s 下降为 0。通过上述四组实验，可以观察到慢踩、点刹、中踩、快踩四种情况下制动意图识别及车速的变化情况，结果表明该制动意图识别方法准确，同时也表明所设计制动控制算法下的车速变化符合预期。

参 考 文 献

［1］ MOUSAVI S H, SAYYAADI H. Optimization and testing of a new prototype hybrid MR brake with arc form surface as a prosthetic knee ［J］. IEEE/ASME Transactions on Mechatronics, 2018, 23 （3）: 1204-1214.

［2］ 梁土强. 集成式电液制动系统设计与压力控制方法研究 ［D］. 广州: 华南理工大学, 2018.

［3］ FLAD M, ROTHFUSS S, DIEHM G, et al. Active brake pedal feedback simulator based on electric drive ［J］. SAE International Journal of Passenger Cars-Electronic and Electrical Systems, 2014, 7 （1）: 189-200.

［4］ 张英会. 弹簧手册 ［M］. 北京: 机械工业出版社, 1997.

［5］ AOKI Y, SUZUKI K, NAKANO H, et al. Development of hydraulic servo brake system for cooperative control with regenerative brake ［C］. SAE World Congress & Exhibition, 2007: 918-924.

［6］ LIU H, DENG W, HE R, et al. Power assisted braking control based on a novel mechatronic booster ［J］. SAE International Journal of Passenger Cars-Mechanical Systems, 2016, 9 （2）: 885-891.

［7］ 刘宏伟, 刘伟, 林光钟, 等. 线控制动系统踏板感觉模拟器设计与改进 ［J］. 浙江大学学报（工学版）, 2018, 52 （12）: 2271-2278.

［8］ 姬芬竹, 周晓旭, 朱文博. 线控制动系统踏板模拟器与制动感觉评价 ［J］. 北京航空航天大学学报, 2015, 41 （6）: 989-994.

［9］ 王彪. 基于磁流变阻尼器的制动踏板感觉模拟器设计与研究 ［D］. 合肥: 合肥工业大学, 2020.

［10］ 浙江大学电工学教研室. 电工学: 上册 ［M］. 北京: 人民教育出版社, 1979.

［11］ 符曦, 金仁全. 自动控制工程 ［M］. 北京: 机械工业出版社, 1987.

［12］ XUAN F, ZHANG H, XIAO W. Study on braking energy recovery of four wheel drive electric vehicle based on driving intention recognition ［J］. Open Access Library Journal, 2018, 5 （1）: 1-10.

[13] 弓馨. 基于模糊逻辑的驾驶员制动意图辨识方法研究 [D]. 长春：吉林大学，2014.

[14] ZHENG H, MA S, FANG L, et al. Braking intention recognition algorithm based on electronic braking system in commercial vehicles [J]. International Journal of Heavy Vehicle Systems，2019，26（3-4）：268-290.

[15] 崔高健，曲代丽，李绍松，等. 驾驶员制动意图辨识技术研究现状 [J]. 机械工程与自动化，2016（4）：219-221.

[16] 赵秀栋. 基于改进 HMM 的驾驶疲劳状态辨识方法研究 [D]. 大连：大连理工大学，2017.

[17] JIN H, WANG J, MIAO C. Slow driving control of tracked vehicles with automated mechanical transmission based on fuzzy logic [J]. Journal of Beijing Institute of Technology（English Edition），2015，24（3）：341-347.

[18] CHEN S, WANG J, ZHANG X, et al. Overview of braking intention recognition for longitudinal dynamic control of vehicles [J]. Journal of Hebei University of Science and Technology，2019，40（2）：105-111.

[19] HU R, CHEN Y. Driver's intention identification for battery electric vehicles starting based on fuzzy inference [J]. International Journal of Simulation Systems，Science Technology，2016，17（43）：1-35.

[20] 李士勇. 模糊控制 [M]. 哈尔滨：哈尔滨工业大学出版社，2011.

[21] 全国汽车标准化技术委员会. 乘用车行车制动器性能要求及台架试验方法：QC/T 564—2018 [S]. 北京：科学技术文献出版社，2019.

[22] 刘其和，李云明. LabVIEW 虚拟仪器程序设计与应用 [M]. 北京：化学工业出版社，2011.

[23] 陈国顺. 测试工程及 LabVIEW 应用 [M]. 北京：清华大学出版社，2013.

第8章 基于磁流变液制动器的汽车线控转向路感模拟装置

随着汽车技术朝智能化方向发展，线控转向（steer-by-wire）技术作为汽车线控技术的重要组成部分，得到了较为广泛的研究。在线控转向系统中，由于方向盘与转向执行机构间没有转向柱的连接，导致"路感"信息无法以反馈力矩的形式传递到方向盘，故驾驶员不能够直观、准确地感受到反馈力矩作用，导致"路感"缺失，影响驾驶体验和安全性。为此，本章基于磁流变液制动器研制汽车线控转向路感模拟装置，首先分析汽车转向反馈力矩来源，设计基于磁流变液制动器的汽车线控转向路感模拟装置，开发其反馈力矩控制算法，再利用 SIMULINK 软件和 CarSim 软件进行多工况联合仿真，最后搭建实验系统进行硬件在环实验，验证基于磁流变液制动器的汽车线控转向路感模拟装置的良好应用效果。

8.1 线控转向系统反馈力矩理论分析

对于采用传统机械式转向系统的汽车，在行驶过程中，驾驶员会依据当前车辆的行驶状态及路面路况等信息，通过方向盘、油门踏板、制动踏板、换挡装置等机构来操纵车辆。其中，操纵机构与执行机构之间一般采用机械式或液压式连接[1,2]，这两种方式均可为驾驶员提供一定的反馈信息。例如，转向系统既是驾驶员控制汽车转向操作的机构，也是从触觉上向驾驶员反馈路面不平度信息的装置，而这种反馈信息就是"路感"。"路感"为汽车行驶过程中，轮胎与外界的接触产生了影响转向操作的力矩，驾驶员通过手握方向盘以触觉的形式感受到路面信息。在线控转向系统中通过增加额外装置来模拟反馈力矩，即"路感"模拟，以保证驾驶员能对车辆行驶过程及时作出正确的判断，从而实现安全驾驶[3,4]。

8.1.1 转向系统反馈力矩来源

在车辆行驶时，驾驶员控制方向盘进行转向，一般都需要克服方向盘上的阻力矩，而这种阻力矩包括摩擦力矩和回正力矩。因为机械转向系统的复杂性，摩擦力矩主要来源于两个方面：①由于机械式转向系统各机构间的连接与接触，在转向过程中产生的摩擦力，传递到方向盘上而产生摩擦力矩，例如转向柱转动时产生的摩擦，以及齿轮齿条转向执行机构啮合产生的摩擦等；②汽车转向时车轮与地面接触时发生相对转动产生的摩擦力，传递到方向盘上而产生的摩擦力矩。由于转向系统的结构特性，回正力矩主要来源于三个方面：①机械式转向系统中的各构件结构与位置关系导致的，如主销后倾角、主销内倾角、主销偏距等；②转向系统各种构件自身的惯性和阻尼力引起的力矩；③汽车转向过程中轮胎与地面接触时发生了形变，产生了轮胎形变力和轮胎拖距造成的回正力矩[5]。

8.1.2　方向盘反馈力矩建模及 SIMULINK 仿真

在现有线控转向系统研究中，模拟反馈力矩常用方法有动力学计算法、参数拟合法以及传感器测量法[6]，这里采用动力学计算法。

如上所述，汽车行驶过程中，驾驶员在控制方向盘转动时需要同时克服回正力矩和摩擦力矩。其中，轮胎拖距产生的回正力矩与汽车转向时的向心力有关，其与向心加速度成正相关；而主销内倾、内移是车身结构的设计参数，不受行驶速度的影响。

首先分别针对轮胎拖距和主销后倾拖距造成的方向盘回正力矩进行分析[7]。采用传统转向系统的车辆一般转向轮为前轮，其转向结构如图 8.1 所示。图 8.1 中，ξ' 为轮胎拖距，ξ'' 为主销后倾拖距，F_{ya} 为前转向轮所受的侧向力。则传递到转向柱的反馈力矩为

$$M'_{Za} = (F_{yar} + F_{yal})(\xi' + \xi'') \tag{8.1}$$

式中，F_{yar} 为右转向轮所受侧向力；F_{yal} 为左转向轮所受侧向力。

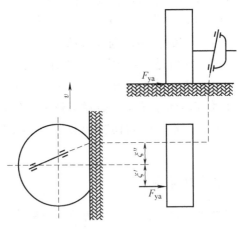

图 8.1　轮胎拖距与主销后倾产生的力矩示意图

驾驶员转动方向盘时所需要克服的力矩 M_{Za} 等于转向柱的反馈力矩 M'_{Za} 除以转向系统的传动比 i_1，若转向系统存在助力装置，还需除以转向助力系数 v_L，即

$$M_{Za} = \frac{M'_{Za}}{i_1 v_L} \tag{8.2}$$

在车辆转向过程中，因为车身惯性的缘故保持当前运动趋势，故车辆转向的向心力来源于地面对轮胎的侧向力，其方向指向转向中心。则车辆转向轮所受的侧向力为

$$F_{ya} = \frac{mv^2}{R} \cdot \frac{l_b}{l} \tag{8.3}$$

式中，m 为汽车的总质量；v 为当前状态下汽车瞬时速度；l_b 为车辆质心与后轴的距离；l 为汽车前后轮轴距；R 为车辆转向半径。

采用前轮转向式的汽车转向时结构参数如图 8.2 所示，由转向轮转向角 θ_a 与转向半径 R 的关系，可得

$$R = \frac{l}{\theta_a - \alpha_a + \alpha_b} \tag{8.4}$$

式中，α_a 为转向时前轮侧偏角；α_b 为转向时后轮侧偏角。

轮胎正常转向过程中，其发生的形变不超过弹性形变范围，并且轮胎磨损的影响可忽略不计。由于轮胎的侧偏刚度 k_α 与结构参数和材料特性有关，而与转向过程无直接关系，故认定其为固定值，则轮胎侧偏力可表示为

$$F_y = k_\alpha \alpha \tag{8.5}$$

式中，α 为轮胎转向侧偏角。

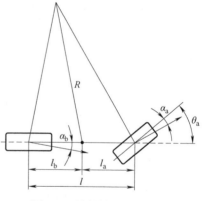

图 8.2 前轮转向式汽车的
转向结构参数示意图

由式（8.3）~式（8.5）可得，前、后轮转向时的侧偏角度可分别表示为

$$\alpha_a = \frac{F_{ya}}{k_{\alpha a}} = \frac{1}{k_{\alpha a}} \cdot \frac{mv^2}{R} \cdot \frac{l_b}{l} \tag{8.6}$$

$$\alpha_b = \frac{F_{yb}}{k_{\alpha b}} = \frac{1}{k_{\alpha b}} \cdot \frac{mv^2}{R} \cdot \frac{l_a}{l} \tag{8.7}$$

式中，$k_{\alpha a}$、$k_{\alpha b}$ 分别为前、后轮胎的侧偏刚度；l_a 为车辆质心与前轴的距离。

则前、后轮侧偏角的差值为

$$\alpha_a - \alpha_b = \frac{k_{\alpha b} l_b - k_{\alpha a} l_a}{k_{\alpha a} k_{\alpha b} l} \cdot \frac{mv^2}{R} \tag{8.8}$$

由式（8.4）~式（8.8）可得，转向半径 R 为

$$R=\frac{l+\dfrac{k_{\alpha b}l_{b}-k_{\alpha a}l_{a}}{k_{\alpha a}k_{\alpha b}l}mv^{2}}{\theta_{a}} \tag{8.9}$$

由于图8.2中的模型为简化模型，则假设左、右转向轮所受的侧向力均等于内侧轮所受的侧向力。则由式（8.1）~式（8.3）和式（8.9）可得，由轮胎拖距与主销后倾引起的方向盘反馈力矩为

$$M_{Za}=\frac{mv^{2}l_{b}}{l^{2}+\dfrac{k_{\alpha b}l_{b}-k_{\alpha a}l_{a}}{k_{\alpha a}k_{\alpha b}l}mv^{2}}\frac{(\xi'+\xi'')\theta_{a}}{i_{1}v_{L}} \tag{8.10}$$

由于主销内倾角与主销内移量产生的回正力矩来源于转向时车身有抬高的倾向[8]，系统势能呈增加倾向，其力矩示意图如图8.3所示。

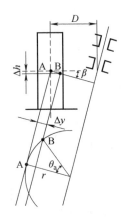

图8.3　主销内倾产生的力矩示意图

图8.3中，车轮中心由 A 点移动到 B 点，横向位移量为

$$\Delta y=r(1-\cos\theta_{a}) \tag{8.11}$$

假设轮胎面的各向曲率相同，则车轮的升高位移量为

$$\Delta h=\Delta y\sin\beta=r(1-\cos\theta_{a})\sin\beta \tag{8.12}$$

因为 $r=D\cos\beta$，则势能的增量为

$$\Delta W=QD(1-\cos\theta_{a})\sin\beta\cos\beta \tag{8.13}$$

式中，D 为主销内移量；Q 为转向过程中轮胎受到的载荷。

由于产生的回正力矩为势能对转向角度 θ_{a} 的导数，得

$$M_{A}'=\frac{d(\Delta W)}{d\theta}=\frac{QD}{2}\sin2\beta\sin\theta_{a} \tag{8.14}$$

当转向角 θ_a 较小时，$\sin\theta_a = 1$，则

$$M_A' \approx \frac{QD\theta_a}{2}\sin 2\beta \tag{8.15}$$

则该回正力矩传递到方向盘的反馈力矩 M_A 为

$$M_A = \frac{M_A'}{i_1 v_L} = \frac{QD\theta_a}{2i_1 v_L}\sin 2\beta \tag{8.16}$$

汽车静止状态下，驾驶员转动方向盘，轮胎上会出现静摩擦力矩 M_s。当汽车开始行驶，M_s 迅速减小。故在汽车结构参数和路面参数不变的情况下，将静摩擦力矩 M_s 简化为转向系统摩擦力矩 M_f，其可近似为

$$M_f = F_\omega \mathrm{sgn}\dot{\theta}_a \tag{8.17}$$

式中，F_ω 是由转向系统的结构参数决定的数值。

联立式（8.10）、式（8.16）和式（8.17），并将转向系统各个构件的转动惯量与存在的阻尼系数进行整合折算到方向盘上，便可以得到机械式转向系统中方向盘上的反馈力矩 M_H 为

$$M_H = \frac{J_\omega \ddot{\theta}_a + B_\omega \dot{\theta}_a + M_f}{i_1 v_L} + M_{Za} + M_A \tag{8.18}$$

式中，J_ω 为转向系统折算到方向盘的转动惯量；B_ω 为转向系统折算到方向盘的阻尼系数。

在汽车转向系统中，为了迅速准确地向驾驶员提供行驶路面的工况信息，需要减少对路面工况信息产生干扰的摩擦力矩。考虑主要针对转向操纵系统进行研究，将转向角 θ_a 变换为方向盘转角 θ_f，即 $\theta_f = i_1 v_L \theta_a$。又因线控转向系统中方向盘与转向机构之间没有转向柱，可以忽略转向系摩擦力的影响[9]。则式（8.18）可以简化为

$$M_H = J_\omega \ddot{\theta}_f + B_\omega \dot{\theta}_f + M_{Za} + M_A \tag{8.19}$$

在已知车辆行驶速度和方向盘转角的情况下，对方向盘转角进行一阶微分和二阶微分运算，便可计算出实时方向盘反馈力矩。基于推导出的数学模型，利用力反馈装置模拟出驾驶员操纵方向盘时所需克服的力矩，即可实现反馈"路感"的功能。

对于式（8.19），已知汽车结构参数为固定值，故在线控转向系统中，只需确定车辆行驶速度 v 和方向盘转向角 θ_f，便可得出方向盘反馈力矩值。根据式（8.19），利用 MATLAB/SIMULINK 建立方向盘反馈力矩仿真框图如图 8.4 所示。按照表 8.1 中的车辆参数进行设置，根据仿真工况不同，分别设定相应的车辆行驶速度和方向盘转角，再经过仿真得到方向盘的反馈力矩。

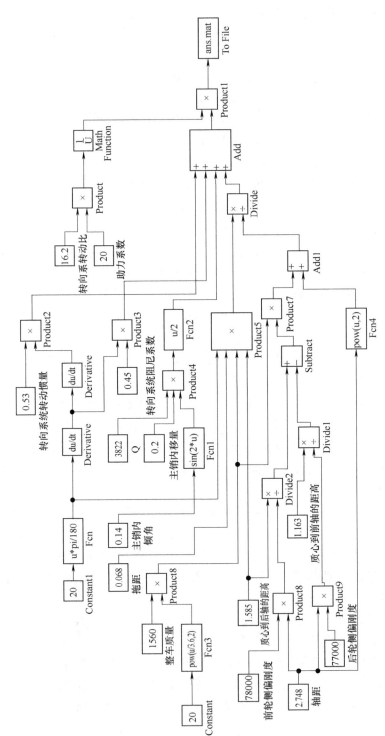

图 8.4　方向盘反馈力矩 SIMULINK 仿真框图

表 8.1　车辆参数设置

参　数	数　值	参　数	数　值
整车质量/kg	1560	主销内移量/m	0.2
轴距/m	2.748	主销内倾角/rad	0.14
拖距/m	0.068	前轮侧偏刚度/(N·rad)	78000
质心到前轴的距离/m	1.163	后轮侧偏刚度/(N·rad)	77000
质心到后轴的距离/m	1.585	转向系统转动惯量	0.53
转向系传动比	16.2	转向系统阻尼系数	0.45
助力系数	30		

图 8.5 所示为五种车速下方向盘转角和反馈力矩的关系曲线，图中，以正弦函数作为方向盘转角的输入规律。由图 8.5 可知，在车速稳定时，方向盘反馈力矩与方向盘转角保持着同增同减的关系，其规律基本符合线性关系。当车速保持在 100km/h、方向盘转角为 1rad 时，方向盘力矩达到了 27.1N·m。由于转向系统阻尼的存在，方向盘转角增大或减小到同一角度时，反馈力矩并不相等，其变化曲线形成了一条闭合的回线，并且角度增大时的方向盘力矩大于角度减小时的方向盘力矩。此外，由图 8.5 亦可得，在低速和小转角的驾驶工况下，提供较小的方向盘反馈力矩，达到轻便转向的目的；在高速和较大转角的驾驶工况下，提供较大的方向盘反馈力矩，获得良好的"路感"反馈。

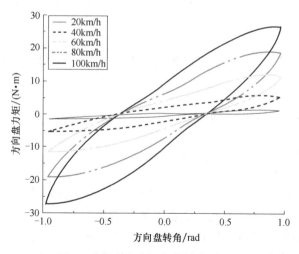

图 8.5　方向盘力矩与其转角的关系

如图 8.6 所示，当方向盘转角分别在 0.2rad、0.4rad、0.6rad、0.8rad 和 1.0rad 时，车辆行驶速度以线性增加的规律作为输入。由图 8.6 可得，在方向盘转角固定不变的情况下，方向盘反馈力矩随着车速的增加而增大。并且方向盘转角越大时，随着车速的变化，方向盘反馈力矩的变化范围也越大。

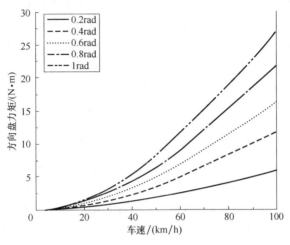

图 8.6　方向盘力矩与车速的关系

　　根据式（8.19），可以计算出表 8.1 中给定车型的汽车在不同方向盘转角和车速工况下的方向盘反馈力矩。该反馈力矩的大小主要由汽车车身参数、转向系统结构参数和汽车驾驶工况等共同决定。对于传统汽车线控转向系统方向盘反馈力矩的研究，可给后续基于磁流变液制动器的线控转向力反馈系统的设计和研究提供基础。

8.2　基于磁流变液制动器的汽车线控转向路感模拟装置设计

8.2.1　基本结构与工作原理

　　在线控转向系统中，由于方向盘与转向执行机构之间没有转向柱的机械式固定连接，导致转向执行机构与路面接触而产生的"路感"信息（即反馈力矩）不能传递到方向盘上。图 8.7 为基于磁流变液制动器的汽车线控转向路感模拟装置，主要包括机械传动系统、信息采集与控制系统。其基本原理是：上位机根据实时采集的汽车行驶状态信息（如车速与方向盘转向角等），计算确定磁流变液制动器所需提供的反馈力矩大小，由驱动器发出 PWM 信号，向磁流变液制动器输入相应大小的励磁电流。根据汽车实际转向的各种工况，方向盘需要向驾驶员反馈的力矩可以设置为恒定值或者是以某种函数特性进行变化，也可以根据汽车转向角的变化而改变。

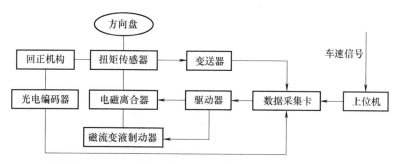

图 8.7 基于磁流变液制动器的汽车线控转向路感模拟装置

8.2.2 机械传动系统

图 8.8 所示为该路感模拟装置的机械传动系统，主要由方向盘、磁流变液制动器、电磁离合器、齿轮扭簧回正机构和主控制器等组成。首先，驾驶员转动方向盘向线控转向系统输入方向盘转角；然后，转矩转角传感采集得转角与力矩信息，并通过数据采集设备进行 A/D 信号转换后输入主控制器；接着，主控制器按照内部预设的控制算法，分析车辆转向信息与行驶状态；最后，主控制器将控制信号通过数据采集卡进行 D/A 信号转换后，依次传递到电磁离合器和磁流变液制动器，使系统根据实际工况向方向盘提供准确的反馈力矩，从而迅速准确地为驾驶员提供"路感"信息。

图 8.8b 中，方向盘与扭矩传感器连接，使得扭矩传感器可以直接、准确地测量实时反馈力矩。在扭矩传感器与磁流变液制动器之间设置电磁离合器，用于分离磁流变液制动器的黏性力矩。当需要给驾驶员提供反馈力矩时，电磁离合器通电闭合，将磁流变液制动器的力矩传递到方向盘；当驾驶员松开方向盘时，利用齿轮扭簧机构实现方向盘的自动回正，此时电磁离合器分离，切断磁流变液制动器黏性力矩的传递。

当驾驶员转动方向盘时，双手对方向盘施加的转动力矩 M_s（即克服反馈力矩 M_H）等于磁流变液制动器输出力矩 M_d、回正机构产生的力矩 M_k 和系统摩擦力矩 M_f 之和，即

$$M_s = M_H = M_d + M_k + M_f \tag{8.20}$$

磁流变液制动器作为线控转向路感模拟装置的重要组成部分，其通过外接电源改变励磁线圈的电流大小，以调节磁流变液制动器的制动力矩，实现不同转向工况下方向盘反馈力矩控制的目的，以准确地向驾驶员传递"路感"反馈信息。

所设计磁流变液制动器为圆盘式，基于 Bingham 塑性模型[10,11]并利用微元

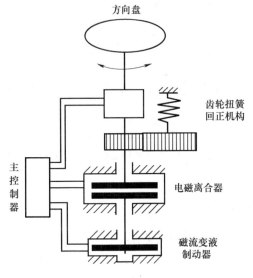

a) 结构示意图

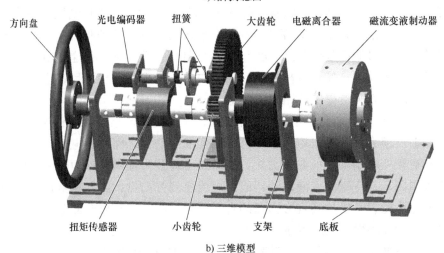

b) 三维模型

图 8.8　路感模拟装置的机械传动系统

法建立其制动力矩表达式为

$$T = \frac{4}{3}\pi\tau_m(R_2^3 - R_1^3) + \frac{\pi\eta\omega}{h}(R_2^4 - R_1^4) \tag{8.21}$$

式中，R_1、R_2 为分别为磁流变液制动器工作内半径和外半径；τ_m 为磁流变液磁场作用下产生的剪切应力；η 为磁流变液零场黏度；h 为磁流变液所处工作间隙的垂直宽度；ω 为工作盘转动角速度。

当励磁电流为1A时，运用ANSYS对磁流变液制动器进行电磁场仿真，得到磁感应强度分布云图如图8.9所示。由图8.9可见，工作盘与左右壳体之间的工作间隙内的磁感应强度分布比较均匀，平均工作磁感应强度约为0.6T，结合磁流变液材料参数和磁流变液制动器结构参数，取$\omega=0$，代入式（8.21），可得$T=28.41\mathrm{N}\cdot\mathrm{m}>27.1\mathrm{N}\cdot\mathrm{m}$，满足制动力矩设计需求。

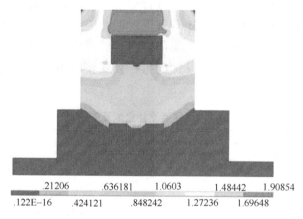

图8.9　磁流变液制动器的磁感应强度分布云图

8.2.3　信息采集与控制系统

图8.10所示为该路感模拟装置的信息采集与控制系统框图，主要由光电编码器、电流驱动器、扭矩传感器和数据采集卡，各硬件选型及参数见表8.2。首

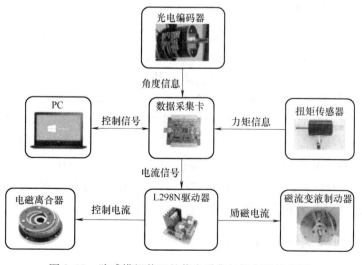

图8.10　路感模拟装置的信息采集与控制系统框图

先，当驾驶员模拟车辆转向操作时，光电编码器会将转向角度信息通过数据采集卡传递给上位机，上位机根据转向角度信息和预先设定的车辆行驶状态信息计算得理论反馈力矩；其次，上位机经过数据采集卡输出励磁电流控制信号到电流驱动器，向磁流变液制动器输入相应大小的励磁电流，从而实现对磁流变液制动器制动力矩的控制；然后，通过扭矩传感器采集方向盘的实时反馈力矩并输入上位机，通过与理论反馈力矩进行对比，对励磁电流控制信号进行相应的调节，使得方向盘实际反馈力矩与理论反馈力矩相等。在反馈力矩的控制与输出过程中，上位机会根据实时采集的方向盘转角信息与反馈力矩信号，对驾驶员的转向操作进行分析，根据具体的操作模式控制路感模拟装置，从而辅助驾驶员的转向操作。

表 8.2　主要硬件选型及参数

仪　器	型　号	主要参数
扭矩传感器	JNNT-S-30	量程 30N·m，综合精度 0.1%
光电编码器	OMRON-CWZ5	分辨度 1000p/r，允许最高转速 6000r/min
电流驱动器	L298N	调压范围 DC 5~35V，最大功率 25W
数据采集卡	USB-DAQV1.1	ADC 16 通道，DAC 4 通道

8.3　方向盘转向模式识别与控制

8.3.1　方向盘控制模式

在实际汽车行驶工况下，驾驶员会有不同的方向盘控制行为。根据不同方向盘控制行为的特征，可以将方向盘控制模式分为如下四种：

$$H_M = \{H_{Mi}, H_{Mj}, H_{Mk}, H_{Ml}\} \tag{8.22}$$

式中，H_M 为驾驶员对方向盘的控制模式；H_{Mi} 为方向盘在驾驶员的控制下向顺时针或逆时针方向转向角度增大的行为，定义为主动转向模式；H_{Mj} 为方向盘在驾驶员控制下保持转向角度不变或轻微波动的行为，定义为转向保持模式；H_{Mk} 为方向盘转角在驾驶员控制下向顺时针或逆时针方向角度减小的行为，定义为主动回正模式；H_{Ml} 为驾驶员主动放开对方向盘的控制，方向盘在回正机构的作用下自动回正，定义为自动回正模式。

8.3.2　转向模式仿真与分析

当车速为 30km/h 时，通过仿真得到四种转向模式下方向盘转角与力矩变化曲线如图 8.11 所示。在主动转向模式下，在方向盘转动 180°过程中，其转角和力矩均逐渐增加，并且刚开始时两者增加速率较快，而后逐渐趋于平缓，体现在转角变化率与力矩变化率均呈逐渐下降趋势，整个过程中最大方向盘力矩接近 10N·m；在转向保持模式下，方向盘转角保持不变或轻微波动，同时方向盘力矩也处于相同变化状态，车辆转向角度和力矩整体均没有明显变化，体现在力矩变化率稳定在相对较小的范围内；在驾驶员主动回正模式下，方向盘转角按驾驶员的操作逐渐减小，方向盘力矩也同样处于降低趋势，两者均呈现先快速后平缓减小的趋势，转角变化率与力矩变化率均为负值且以相对稳定趋势减小；在自动回正模式下，驾驶人员双手松开方向盘，方向盘转角减小，而方向盘力矩急剧下降，在此过程中，转角变化率为较稳定的负值，而力矩变化率在驾驶员松开方向盘时突变为较大的负值，而后稳定在零值附近。

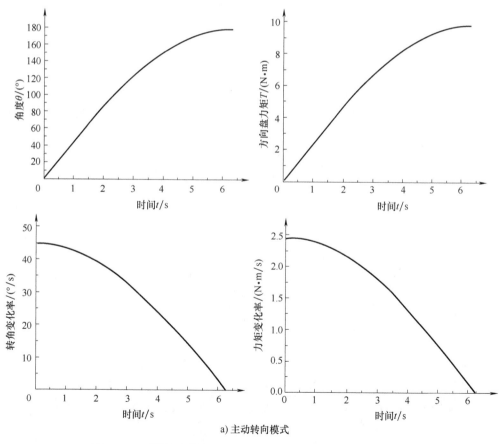

a) 主动转向模式

图 8.11　不同转向模式下方向盘转角与力矩变化及变化率曲线

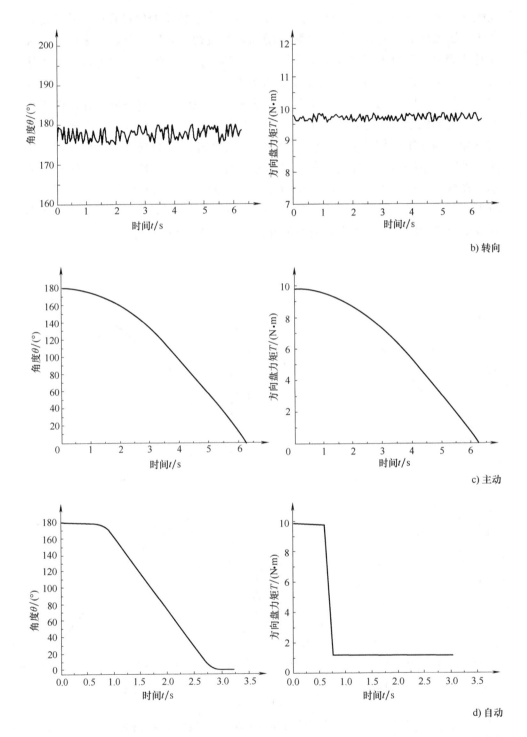

b) 转向

c) 主动

d) 自动

图 8.11　不同转向模式下方向盘

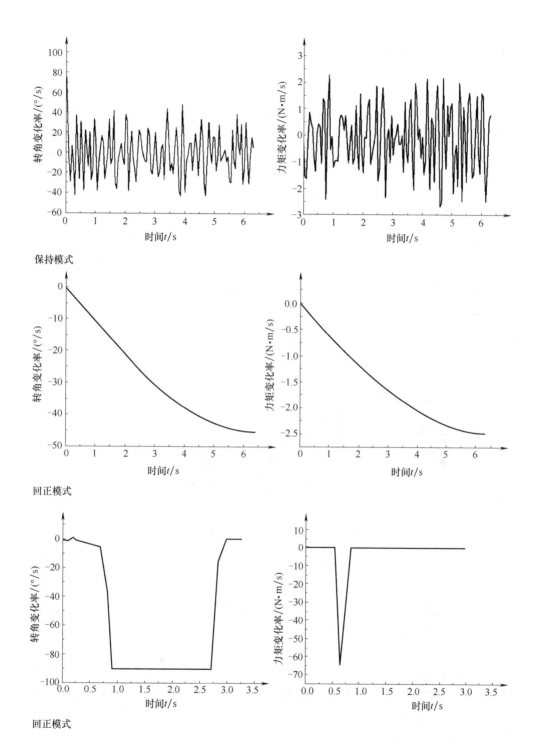

保持模式

回正模式

回正模式

转角与力矩变化及变化率曲线（续）

8.4　仿真与实验研究

为了验证磁流变液制动器力反馈的实际性能，本节将基于 CarSim+SIMULINK 开展转向反馈力矩联合仿真，探究不同转向工况下的线控转向系统的方向盘转角与反馈力矩特性。搭建基于磁流变液制动器的线控转向力实验平台，测定磁流变液制动器的基本性能，并进行硬件在环实验，分析对比实际反馈力矩与理论反馈力矩。

8.4.1　基于 CarSim+SIMULINK 的转向反馈力矩联合仿真

如图 8.12 所示，在 CarSim 软件中，整车模型被简化为包括 1 个簧载质量、4 个非簧载质量、4 个车轮和 1 个发动机的 10 个刚体，其共具有 27 个自由度，具体包括：3 个簧载质量移动自由度、3 各簧载质量转动自由度、4 个非簧质量自由度、4 个车轮旋转自由度、8 个轮胎瞬态特性自由度、1 个传动系旋转自由度和 4 个制动压力自由度[12]。

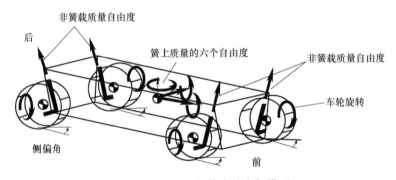

图 8.12　CarSim 软件中的车辆模型

将线控转向系统力反馈模型与 CarSim 软件进行联合仿真，其中 CarSim 软件的作用是利用其内嵌的整车模型实时求解汽车行驶状态特性和参数，线控转向系统力反馈模型求解转向操控子系统模型状态参数和转向控制系统的控制策略，并在 CarSim 软件中以实时动画和数据曲线的方式呈现出来。如图 8.13 所示，线控转向力反馈系统将方向盘转角作为输入信号传输给 CarSim 软件，将 CarSim 软件中方向盘上的转向力矩作为输出信号传输至控制器中，将其转变为磁流变液制动器的励磁电流，使磁流变液制动器可以提供准确的反馈力矩。利用该联合仿真原理，建立基于 CarSim+SIMULINK 的汽车线控转向路感模拟装置联合仿真模型如图 8.14 所示。

为了验证线控转向路感模拟装置在转向操作中能否迅速准确地向驾驶员提供

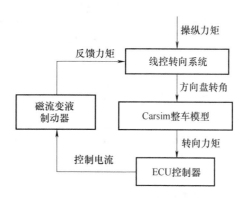

图 8.13 线控转向力反馈系统和整车模型联合仿真原理框图

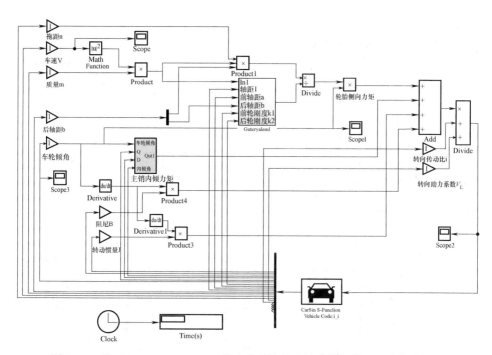

图 8.14 基于 CarSim+SIMULINK 的汽车线控转向路感模拟装置联合仿真模型

反馈力矩,分别基于 CarSim 对传统机械转向系统进行独立仿真、基于 CarSim+SIMULINK 对线控转向路感模拟装置进行联合仿真,并将仿真结果进行对比。为了更符合车辆实际行驶工况,分别针对日常驾驶中常见的左转弯、右转弯和左调头三种转向操作进行仿真对比。在 CarSim 软件中分别搭建三种转向操作下的仿真路面模型,设置参数见表 8.3。

表 8.3　仿真参数设置

转 向 操 作	路面模型参数	车　　速
左转弯	50m 直行路面→转弯半径为 50m 的 1/4 圆弧 弯道→50m 直行路面	
右转弯	50m 直行路面→转弯半径为 20m 的 1/4 圆弧 弯道→50m 直行路面	20km/h，25km/h，30km/h
左调头	50m 直行路面→转弯半径为 10m 的 1/2 圆弧 弯道→50m 直行路面	

图 8.15 所示为三种转向操作中方向盘转角和力矩变化曲线。从图中可以看出，三种转向工况下，方向盘力矩均随车速和方向盘转角的增加而增大，在左

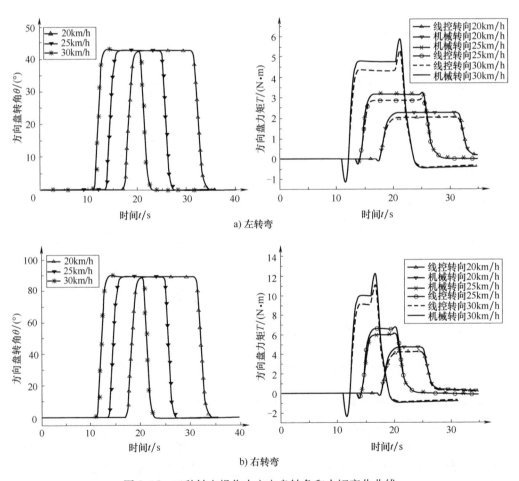

a) 左转弯

b) 右转弯

图 8.15　三种转向操作中方向盘转角和力矩变化曲线

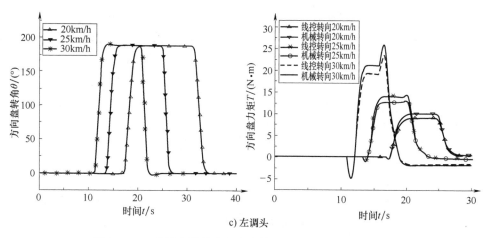

c) 左调头

图 8.15　三种转向操作中方向盘转角和力矩变化曲线（续）

转弯工况中，当车速为 30km/h、方向盘转角为 42.5°时，方向盘反馈力矩不超过 5N·m，满足操纵轻便性要求。在左调头工况中，因为转弯半径的减小，方向盘转角大于左转弯和右转弯工况，方向盘力矩也相应增大。总体而言，上述三种转向工况下，线控转向系统的方向盘力矩均小于传统机械转向系统的方向盘力矩，满足日常低速工况时转向轻便性要求，能够保证驾驶员轻松操纵方向盘，有效缓解驾驶疲劳。

为了验证线控转向路感模拟装置在车辆行驶的状态下进行转向操作时，车辆能否保持良好的稳定性。分别选择四种不同行驶速度下开展双移线仿真，得到方向盘转角和力矩的变化曲线如图 8.16 所示。

从图 8.16 中可以看出，在同一车速下，方向盘力矩与转角大致保持相同变

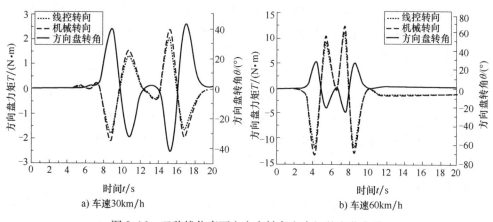

a) 车速30km/h　　　　　　　　　　b) 车速60km/h

图 8.16　双移线仿真下方向盘转角和力矩的变化曲线

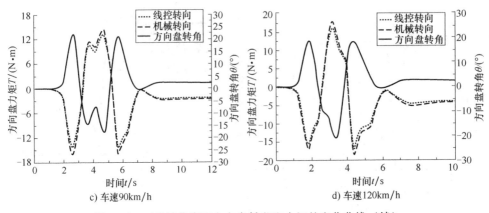

c) 车速90km/h

d) 车速120km/h

图 8.16 双移线仿真下方向盘转角和力矩的变化曲线（续）

化趋势；在较高车速工况下，方向盘力矩随转角的增加也迅速增加，表明在高速行驶状态下，该线控转向路感模拟装置能够及时、迅速且准确地向方向盘提供反馈力矩；类似于图 8.15 中的仿真结果，采用线控转向的方向盘力矩相较于采用机械转向的方向盘力矩会有所减小。由此可见，在高速行驶紧急避障工况下，该线控转向路感模拟装置依然可以可靠地提供反馈力矩，从而辅助驾驶员对车辆状态进行判断。

8.4.2 磁流变液制动器性能实验

磁流变液制动器的工作性能是决定线控转向系统力反馈性能的重要因素[13]。利用图 8.17 所示的实验平台开展磁流变液制动器的性能实验。其中，采用步进电机作为动力来源。在测试过程中，电磁离合器处于闭合状态，扭矩传感器用于测量制动力矩和输入转速信息，在 STM32 板卡中预先设定步进电机的控制程序，并通过 DM860H 驱动器控制电机转速，电流驱动器用于给磁流变液制动器提供可控的励磁电流。

图 8.18 所示为磁流变液制动器制动力矩随励磁电流的变化关系，实验中，励磁电流从 0A→0.45A→0A 变化，每隔 0.05A 采集一组数据。由图可见，制动力矩随励磁电流近似呈线性增大，当电流为 0.45A 时，制动力矩值为 28.61N·m，符合力矩设计要求。此外，由于磁滞现象的存在，在电流上升阶段和下降阶段的两组数据并不重合，两者最大差值仅为 0.45N·m，对磁流变液制动器的力矩控制影响较小。

当励磁电流为 0.2A 时，测得四种不同转速下磁流变液制动器制动力矩随时间变化如图 8.19 所示。在相同转速下，制动力矩随时间的波动较小，可见磁流变液制动器的动力输出稳定性较好。此外，制动力矩随转速的增大稍有增加，

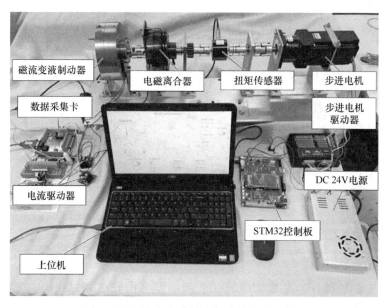

图 8.17　磁流变液制动器性能实验平台

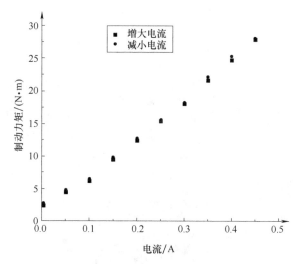

图 8.18　磁流变液制动器制动力矩随励磁电流的变化关系

表明驾驶员转向时操纵方向盘速度对反馈力矩的影响较小，可忽略不计。

8.4.3　硬件在环实验

图 8.20 为所搭建的基于磁流变液制动器的线控转向力反馈系统试验平台，

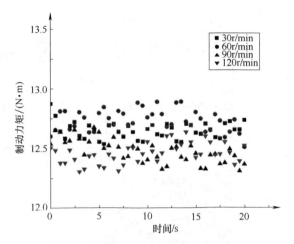

图 8.19　不同转速下磁流变液制动器制动力矩稳定性实验结果

实验过程中，转动方向盘带动磁流变液制动器与齿轮扭簧回正机构转动，扭矩传感器和光电编码器分别采集反馈力矩与方向盘角度信息，并通过数据采集卡输入上位机；上位机对数据信息进行分析后，向电流驱动器发出相应的控制信号，对磁流变液制动器的励磁电流和电磁离合器的通断进行控制。

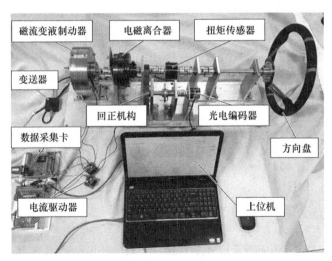

图 8.20　基于磁流变液制动器的线控转向力反馈系统试验平台

　　实验中，选取了四种不同车速工况进行双移线试验，对传统机械转向系统的理论反馈力矩与线控转向系统的实测反馈力矩进行对比，结果如图 8.21 所示。由图 8.21 中可以看出，当车辆在双移线工况下，所设计线控力反馈系统可以精准地向方向盘提供反馈力矩。相同路线情况下，车辆行驶速度越高，进行转向操作时的反馈力矩越大。相比于传统机械式转向系统，在相同转向工况下，线控式力反馈转向系统更能准确地模拟反馈力矩的变化特性，并且其反馈力矩值略小，一定程度上可以减轻驾驶员的驾驶疲劳度。

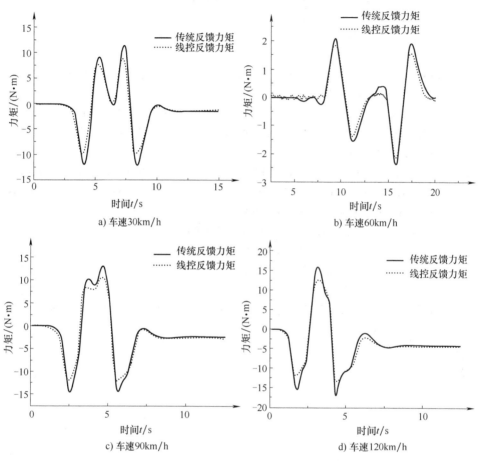

图8.21　四种不同车速下双移线工况的硬件在环实验

参 考 文 献

［1］　HOSEINNEZHAD R，BAB-HADIASHAR A. Missing data compensation for safety-critical components in a drive-by-wire system ［J］. IEEE Transactions on Vehicular Technology，2005，54（4）：1304-1311.

［2］　李文阳. 浅谈汽车底盘线控技术的应用与发展 ［J］. 科技创新导报，2009（36）：43-43.

［3］　KARIMI D，MANN D. Torque feedback on the steering wheel of agricultural vehicles ［J］. Computers and Electronics in Agriculture，2009，65（1）：77-84.

［4］　HAFIZ F S M，HAIRI Z，AMRI M S. Development of estimation force feedback torque control algorithm for driver steering feel in vehicle steer by wire system：hardware in the loop ［J］. International Journal of Vehicular Technology，2015，Article 314597，1-17.

［5］　杨翔宇，吕世明，李楠，等. 汽车转向系统回正力矩模型的比较及仿真研究 ［J］. 机械设计与制造，2016（02）：266-270.

［6］　刘彦琳. 汽车线控转向路感模拟与回正控制策略研究 ［D］. 合肥：合肥工业大学，2018.

［7］　MANFRED MITSCHKE，HENNING WALLENTOWITZ. 汽车动力学 ［M］. 4版. 陈荫三，余强，译. 北京：清华大学出版社，2009.

［8］　郭孔辉. 汽车操纵动力学原理 ［M］. 南京：江苏科学技术出版社，2011.

［9］　罗石，商高高，苏清祖. 线控转向系统转向盘力回馈控制模型的研究 ［J］. 汽车工程，2006，28（10）：914-917.

［10］　NGUYEN Q H，LANG V T，NGUYEN N D，et al. Geometric optimal design of a magneto-rheological brake considering different shapes for the brake envelope ［J］. Smart Materials and Structures，2014，23（1）：015020.

［11］　孔祥东，李斌，权凌霄，等. 磁流变液阻尼器 Bingham-多项式力学模型研究 ［J］. 机械工程学报，2017，53（14）：193-200.

［12］　刘刚. 考虑汽车瞬态特性的半主动悬架功能分配策略研究 ［D］. 长春：吉林大学，2017.

［13］　时育杰. 基于磁流变阻尼器的线控转向力反馈系统设计与试验研究 ［D］. 合肥：合肥工业大学，2020.

第9章 磁流变力反馈数据手套设计与反馈力控制研究

力反馈数据手套作为主从式遥操作机器人系统的主端设备，是系统实现力觉临场感的核心。本章设计一款基于磁流变液制动器的新型力反馈数据手套，以人手手指的生物结构和关节耦合运动规律为基础，对磁流变力反馈数据手套的力反馈方案、传动方案等进行了具体设计。基于 BUCK 开关电路对磁流变液制动器的电流控制器进行了建模和分析，分别设计了常规 PID 控制策略和自适应模糊 PID 控制策略对磁流变液制动器的反馈力进行跟踪控制。通过仿真对比了两种控制方法的控制效果，开展了磁流变力反馈数据手套反馈力稳定实验、反馈力跟踪实验以及抓握实验，验证了其反馈力具有良好的稳定性和跟踪效果。

9.1 磁流变力反馈数据手套设计

力反馈数据手套可以将操作者的动作和决策转化为远端从机器人的控制指令[1,2]，解决了全自主机器人控制困难的问题。同时能够逼真地将从机器人与现场交互产生的作用力通过力反馈装置反馈给主端操作者，使得操作者能够有身临其境的感觉，并为操作者下一步的操作决策提供依据[3-5]。本章主要设计一款基于磁流变液制动器的外骨骼式被动力反馈数据手套。

9.1.1 手指的生物结构及耦合运动规律

力反馈数据手套穿戴在人手部，通过力反馈装置产生作用力使人手能够感知到反馈力。因而在设计力反馈数据手套前，有必要分析人手的生物结构。人手按照骨骼可分为手腕、手指和手掌三个部分。感觉和运动是手的两个主要功能，手部的指骨共有 14 节，其中，拇指包含近指骨和中指骨，其关节包含指掌关节 MCP 和远指关节 DIP；四指包括近指骨、中指骨和节指骨，其关节包含掌关节 MCP、近指关节 PIP 和远指关节 DIP。当人手进行抓握动作时，主要由 14 个关节处的 14 个转动自由度和指掌关节处的 5 个侧摆自由度来完成。人手在进行抓握运动时，四指三个指节的弯曲角度之间并非互相独立的，而是按照一定的耦合运动规律进行抓握动作[6,7]，三个关节绕自身所建立坐标系的转角近似满足 1∶1.5∶1 的耦合关系。

9.1.2 磁流变力反馈数据手套整体结构设计

在遥操作主从机器人系统中，力反馈数据手套的两个重要指标包括：①采集操作者手指的角度信号，结合主从映射关系，控制从机器人完成特定的操作[8,9]；②接收从机器人所提供的与环境交互的力觉信息，通过主操作手和从机器人之间的通信[10,11]，给主操作手施加同样大小的力觉反馈，使操作者能够产生临场感。因此力反馈数据手套的反馈力和关节角度测量精确性对系统工作性能具有重要影响。

通常情况下，力反馈数据手套的设计应满足以下原则：①能够准确测量操作者抓握过程中的手指弯曲角度；②能够提供足够大的反馈力；③能够帮助操作者获得更加真实的临场感；④不发生干涉现象；⑤结构简单且加工方便。结合上述原则，本文设计了一款基于磁流变液制动器的新型被动式力反馈数据手套，如图 9.1 所示，主要由传动结构、力反馈装置、角度测量结构、外骨骼、扭簧、角度传感器等组成。该装置采用外骨骼方式以避免力反馈装置安装在操作者手掌内部对操作者抓握空间的限制，同时将磁流变液制动器安装在手臂上以减轻其对操作者手部的负重感，传动结构中采用钢丝绳-线管传动形式能够满足反馈力的远距离传输，间接式角度测量机构用于测量操作者手指的弯曲角度。

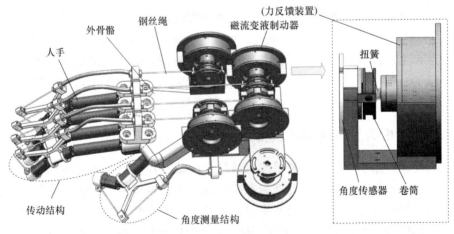

图 9.1 基于磁流变液制动器的新型被动式力反馈数据手套

1. 传动结构设计

传动方案的选择直接影响力反馈数据手套的性能，在选取时应考虑以下因素：①摩擦力小，使得系统具有较高的传动效率；②重量轻，可减轻操作者的负重感以更好地实现操作临场感。目前力反馈数据手套的传动方案多采用钢丝绳传动或连杆传动，由于连杆传动机构很难给出准确的运动规律，设计也比较复杂，同时旋转副数量的增加也会导致机构摩擦力增大，造成自锁的可能性增加。因而本文采用钢丝绳-线管的传动方案。

图 9.2 所示为单个手指的传动结构，主要包含指套、钢丝绳、滑轮、线管、线管支架以及外骨骼等。线管两端分别固定在线管支架和角度测量机构上，钢丝绳穿过线管后经滑轮与指套连接，当操作者进行抓握动作时，通过滑轮和线管-钢丝绳传动机构将反馈力传递到操作者的指尖实现指尖力反馈，在指套内贴有薄膜压力传感器用于测量指尖所受到的实际作用力以便于实现反馈力的闭环控制。

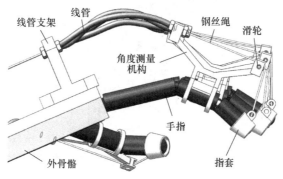

图 9.2　钢丝绳-线管传动结构示意图

2. 磁流变液力反馈装置设计与分析

力反馈装置用于为数据手套提供可控的反馈力，其方案选取时应遵循力矩/重量比大、安全性和稳定性高等原则。当前国内外研制的力反馈数据手套多选用电机或气动装置来提供反馈力。其中，电机的体积和重量较大，不适合直接放置在操作者的手部，并且安全性较差；而气动装置的灵敏度较差，气动回路也比较复杂。相比而言，磁流变液制动器以磁流变液为工作介质，在毫秒级的时间内能够获得较大的被动式阻尼力，是力反馈装置的理想选择。

考虑到圆盘式磁流变液制动器产生的反馈力受速度的影响较小[12,13]，更适合作为数据手套的力反馈装置。本文设计的圆盘式磁流变液制动器结构如图 9.3 所示，主要由外壳、励磁线圈、隔磁环、旋转轴、圆盘以及密封圈等组成。圆盘与旋转轴通过螺钉固定连接，卡圈用于圆盘的轴向定位，隔磁环将工作间隙与线圈隔开。为了防止磁流变液泄漏，分别采用 O 形圈和密封垫对旋转轴和隔磁环进行密封。当励磁线圈未通电时，磁流变液呈现牛顿流体状态，磁流变液制动器处于非工作状态，此时仅由磁流变液的动力黏度提供较小的黏滞阻力矩，而当线圈通电后，磁流变液迅速转化为类固体状态，其产生的总阻力矩由磁致阻力矩和黏滞阻力矩两部分组成。表9.1所示为所设计的磁流变液制动器的主要结构参数。

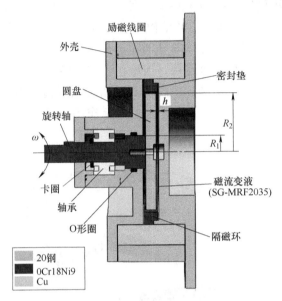

图 9.3 圆盘式磁流变液制动器结构图

表 9.1 磁流变液制动器的主要结构参数

结 构 参 数	数 值
外壳最大半径/mm	33
剪切盘内径/mm	4
剪切盘外径/mm	14
工作间隙宽度/mm	0.5
线圈宽度/mm	13
线圈厚度/mm	5
线圈匝数/匝	180

为了减少磁动势在非工作区域的损失，需要对磁力线进行有效引导，以确保大部分磁力线垂直通过工作间隙。运用 ANSYS 软件对磁流变液制动器进行二维磁场仿真，所得结果如图9.4所示，其中图9.4a 和 9.4b 中的线圈电流为1A，由图可得，磁力线实际分布情况与预期相吻合，验证了磁路设计与材料选择的合理性。由图9.4c 可见，磁感应强度在工作间隙处的分布基本均匀，当电流为1A 时，平均磁感应强度约为 0.29T。本设计中磁流变液制动器的设计目标是提供最大 20N 的反馈力，根据磁流变液材料参数和磁流变液制动器的结构尺寸参

数，计算得该磁流变液制动器能够产生的最大总阻尼力矩为0.21N·m，本设计中卷筒半径为10mm，因而最大阻尼力为 $F_{max} = 21N > 20N$，满足最大反馈力的设计要求。

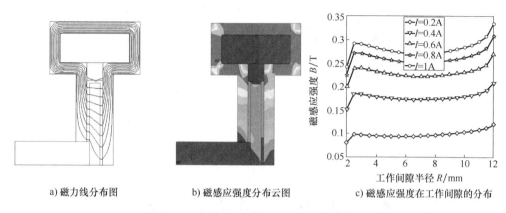

a) 磁力线分布图　　b) 磁感应强度分布云图　　c) 磁感应强度在工作间隙的分布

图9.4　磁流变液制动器磁场仿真结果

3. 手指抓握角度测量机构设计

传统数据手套多通过安装弯曲传感器直接测量操作者手指关节的弯曲角度，该方法存在以下不足：①操作者手部任意位置的变形都会被识别为手指关节的弯曲角度；②在抓握过程中，手部并非严格贴合，会产生一定滑移，影响测量精度。

本文采用间接测量方法采集操作者手部关节的抓握角度。由于角度传感器相对于手指的尺寸较大，将其直接安装在指尖会限制手指抓握动作。图9.5为手指关节弯曲角度测量原理图，钢丝绳支架固定在中指节，当手指进行抓握动作时，远指节转动一定角度，钢丝绳相应伸长一定长度，其值可由卷筒半径和角度传感器测量的角度计算得到，运用余弦定理即可求解远指节转动角度。将手指、钢丝绳和钢丝绳支架组成的三角形等效为图9.5b中的 OA_1B 和 OA_2B，其中，远指节长度 OA_1、OA_2 为 a，OB 长度为 b，手指伸直时，钢丝绳绕过滑轮部分原长为 c，当远指节转动角度 β 时，卷筒的线位移为 l，则钢丝绳长度变为 $c+l$，根据三角形几何关系，得到远指节弯曲角度为

$$\beta = \arccos\left[\frac{a^2+b^2-(c+l)^2}{2ab}\right] - \arccos\left(\frac{a^2+b^2-c^2}{2ab}\right) \tag{9.1}$$

当手指在自由弯曲和伸展运动时，三个关节的抓握角度近似为1∶1.5∶1的耦合关系。因此，在测得远指节弯曲角度后，其余两个指节的弯曲角度可由上述耦合运动规律得到。

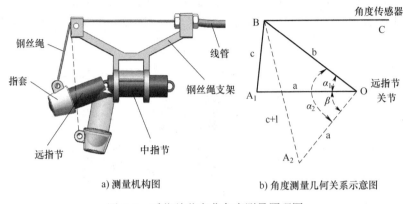

a) 测量机构图　　　　　　　　b) 角度测量几何关系示意图

图 9.5　手指关节弯曲角度测量原理图

9.2　磁流变液力反馈数据手套电流控制器研究

对于磁流变液制动器，通过施加不同大小的电流可以获得不同大小的工作磁场强度，进而实现其反馈阻尼力的精确调节，因此有必要对其电流控制器进行设计与分析[14-17]。

9.2.1　电流控制器总体结构

电流控制器的主要作用是给磁流变液制动器励磁线圈提供电流以调控磁流变力反馈数据手套产生理想的反馈力[18]。为了获得较好的控制效果，需要选用可以进行高速处理的硬件平台。本节选用 PHILIPS 公司开发的 LPC2210 系列芯片，该芯片有 32 位 ARM 为 CPU 的微控制器。通过 BUCK 电路为磁流变液制动器提供理想大小的电流，并将 BUCK 电路采样电阻的电流值与磁流变液制动器的反馈力信号通过 A/D 通道采集用于闭环控制。电流控制器具体结构如图 9.6 所示。

9.2.2　磁流变液制动器励磁线圈驱动电路设计

为了模拟临场感，需要由硬件平台为磁流变液制动器的励磁线圈提供可调的电流，从而使其产生连续变化的阻尼力来实现力反馈功能。采用工作在开关方式下的 BUCK 式降压斩波电路，通过控制产生不同的占空比以达到输出不同大小电流的目的。

BUCK 电路是一种降压斩波器，将场效应管设置在输入电压与输出电压之间，通过调节占空比来控制输出电压的大小，电路原理如图 9.7 所示。图 9.7

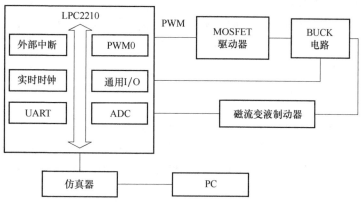

图 9.6　电流控制器硬件结构

中，U_i 是经过整流滤波后的直流电源电压，Q 为金属氧化物半导体场效应晶体
管（MOSFET），D 是二极管，R_S 为采样电阻，R_M 是磁流变液制动器励磁线圈
的电阻。通过 CPU 输出 PWM 信号调节场效应晶体管的通断，其工作频率和占
空比等于 PWM 信号的频率和占空比。当场效应管 Q 导通时，二极管 D 处于截
止状态，直流电源电压经过 LC 滤波后为磁流变液制动器的励磁线圈供电；当场
效应管 Q 截止时，输入电压为 0，二极管 D 在回路电感电流的作用下导通，构
成续流电路。

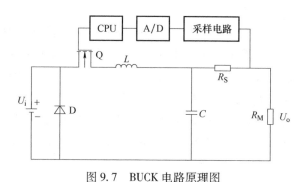

图 9.7　BUCK 电路原理图

9.2.3　BUCK 电路建模与分析

　　状态空间平均法是目前 BUCK 电路较为主流的建模和分析方法[19,20]，其本
质为：根据周期性开关电路的电路网络，选取电容电压和电感电流为状态变量，
将 MOSFET 的通断状态进行时间上的平均，得到一个平均后的状态变量。状态
空间平均法将复杂时变的周期电路简化为等效的简单连续电路，从而可以使用

经典控制理论对其进行理论分析。在进行 BUCK 开关电路建模时必须同时满足三条假设：即小纹波假设、小信号假设和低频假设，在实际的 BUCK 开关电路中很容易满足这三条假设。在不考虑开关通断频率的情况下，将开关周期平均算子表达如下：

$$\langle x(t)\rangle_{T_s} = \frac{1}{T_s}\int_{t}^{t+T_s} x(t)\,\mathrm{d}t \qquad (9.2)$$

式中，$x(t)$ 为开关电路的某变量；T_s 为开关周期。

下面对 BUCK 开关电路进行建模，电路图如图 9.8 所示，主电路拓扑由场效应管 Q、输出滤波电感 L、滤波电容 C、续流二极管 D 以及磁流变液制动器励磁线圈的电阻 R_M 和电感 L_M 组成。

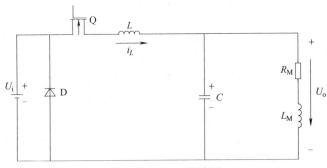

图 9.8　BUCK 电路图

在一个周期内，当 $0 \leq t \leq k_d T_s$ 时，MOSFET 导通，二极管 D 截止，电源向负载供电。此状态下电感电流 i_L 不断增大，存储的能量也不断增加，MOSFET 导通状态下的等效电路图如图 9.9a 所示；当 $k_d T_s \leq t \leq T_s$ 时，MOSFET 截止，由于电感电流 i_L 不能突变的缘故，故 i_L 通过二极管 D 续流，电感电流 i_L 下降，电感上存储的能量减少，能量也逐渐传递到负载上。二极管 D 导通，构成续流通路，负载 R_M 两端的电压点位保持不变，MOSFET 截止状态下的等效电路图如图 9.9b 所示。

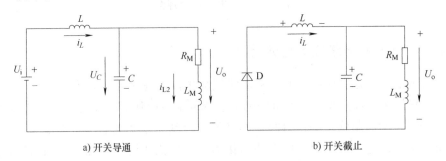

a) 开关导通　　　　　　　　　　b) 开关截止

图 9.9　BUCK 电路的不同工作状态

理想的 BUCK 开关电路在电流不为零的持续工作模式下，每个周期的通和断两个状态下的状态方程分别为

$$\begin{cases} \dot{x} = A_1 x + B_1 u_i & 0 \leqslant t \leqslant k_d T_s \\ \dot{x} = A_2 x + B_2 u_i & k_d T_s \leqslant t \leqslant T_s \end{cases} \tag{9.3}$$

式中，k_d 为功率开关管的占空比，$k_d = t_{on}/T_s$，其中，t_{on} 为导通时间，T_s 为开关周期。

应用基尔霍夫电压和电流定律，可得 MOSFET 导通时电路工作状态的微分方程为

$$\begin{cases} L \dfrac{di_L}{dt} = u_i - u_C \\[2mm] C \dfrac{du_C}{dt} = i_L - i_{LM} \\[2mm] u_C = R_M i_{LM} + L_M \dfrac{di_{LM}}{dt} \end{cases} \tag{9.4}$$

选取电感电流 i_L、电容电压 u_C、磁流变液制动器的励磁线圈电感电流 i_{LM} 为该电路的状态变量，即 $\boldsymbol{x} = \begin{bmatrix} i_L & i_{LM} & u_C \end{bmatrix}^T$，系统的输出电压为 u_o。假设系统的输入电压 u_i 保持不变，可得 MOSFET 导通状态下的状态方程为

$$\begin{bmatrix} \dfrac{di_L}{dt} \\[2mm] \dfrac{di_{LM}}{dt} \\[2mm] \dfrac{du_C}{dt} \end{bmatrix} = \begin{bmatrix} 0 & 0 & -\dfrac{1}{L} \\[2mm] 0 & -\dfrac{R}{L_M} & \dfrac{1}{L_M} \\[2mm] \dfrac{1}{C} & -\dfrac{1}{C} & 0 \end{bmatrix} \begin{bmatrix} i_L \\[2mm] i_{LM} \\[2mm] u_C \end{bmatrix} + \begin{bmatrix} \dfrac{1}{L} \\[2mm] 0 \\[2mm] 0 \end{bmatrix} u_i \tag{9.5}$$

输出方程为

$$u_o = \begin{bmatrix} 0 & 0 & 1 \end{bmatrix} \begin{bmatrix} i_L \\[2mm] i_{LM} \\[2mm] u_C \end{bmatrix} \tag{9.6}$$

当 MOSFET 截止时电路工作状态的微分方程为

$$\begin{cases} L \dfrac{di_L}{dt} + u_C = 0 \\[2mm] C \dfrac{du_C}{dt} = i_L - i_{LM} \\[2mm] u_C = R_M i_{LM} + L_M \dfrac{di_{LM}}{dt} \end{cases} \tag{9.7}$$

同样选择状态变量为 $\boldsymbol{x}=\begin{bmatrix} i_L & i_{LM} & u_C \end{bmatrix}^{\mathrm{T}}$，系统的输出电压为 u_o，可得 MOS-FET 截止状态下的状态方程为

$$
\begin{bmatrix} \dfrac{\mathrm{d}i_L}{\mathrm{d}t} \\[2mm] \dfrac{\mathrm{d}i_{LM}}{\mathrm{d}t} \\[2mm] \dfrac{\mathrm{d}u_C}{\mathrm{d}t} \end{bmatrix} = \begin{bmatrix} 0 & 0 & -\dfrac{1}{L} \\[2mm] 0 & -\dfrac{R}{L_M} & \dfrac{1}{L_M} \\[2mm] \dfrac{1}{C} & -\dfrac{1}{C} & 0 \end{bmatrix} \begin{bmatrix} i_L \\ i_{LM} \\ u_C \end{bmatrix} + \begin{bmatrix} 0 \\ 0 \\ 0 \end{bmatrix} u_i \tag{9.8}
$$

输出方程为

$$
u_o = \begin{bmatrix} 0 & 0 & 1 \end{bmatrix} \begin{bmatrix} i_L \\ i_{LM} \\ u_C \end{bmatrix} \tag{9.9}
$$

根据状态空间平均法，得到 BUCK 开关电路的状态平均方程为

$$
\begin{bmatrix} \dfrac{\mathrm{d}i_L}{\mathrm{d}t} \\[2mm] \dfrac{\mathrm{d}i_{LM}}{\mathrm{d}t} \\[2mm] \dfrac{\mathrm{d}u_C}{\mathrm{d}t} \end{bmatrix} = \begin{bmatrix} 0 & 0 & -\dfrac{1}{L} \\[2mm] 0 & -\dfrac{R}{L_M} & \dfrac{1}{L_M} \\[2mm] \dfrac{1}{C} & -\dfrac{1}{C} & 0 \end{bmatrix} \begin{bmatrix} i_L \\ i_{LM} \\ u_C \end{bmatrix} + \begin{bmatrix} \dfrac{d}{L} \\ 0 \\ 0 \end{bmatrix} u_i \quad 0 \leqslant t \leqslant T_s \tag{9.10}
$$

消除电路的稳态分量，并忽略交流分量，可得电路交流小信号模型如下：

$$
\begin{bmatrix} \dfrac{\mathrm{d}\hat{i}_L}{\mathrm{d}t} \\[2mm] \dfrac{\mathrm{d}\hat{i}_{LM}}{\mathrm{d}t} \\[2mm] \dfrac{\mathrm{d}\hat{u}_C}{\mathrm{d}t} \end{bmatrix} = \begin{bmatrix} 0 & 0 & -\dfrac{1}{L} \\[2mm] 0 & -\dfrac{R}{L_M} & \dfrac{1}{L_M} \\[2mm] \dfrac{1}{C} & -\dfrac{1}{C} & 0 \end{bmatrix} \begin{bmatrix} \hat{i}_L \\ \hat{i}_{LM} \\ \hat{u}_C \end{bmatrix} + \begin{bmatrix} \dfrac{D}{L} \\ 0 \\ 0 \end{bmatrix} \hat{u}_i \tag{9.11}
$$

由式 (9.11)，可得 BUCK 开关电路从输入到输出的传递函数为

$$
\frac{\hat{u}_o(s)}{\hat{u}_i(s)}\bigg|_{\hat{d}(s)=0} = \frac{D}{\dfrac{Ls}{R_M+L_M s}+LCs^2+1} \tag{9.12}
$$

则从占空比到输出的传递函数为

$$
\frac{\hat{u}_o(s)}{\hat{d}(s)}\bigg|_{\hat{u}_i(s)=0} = \frac{U_i}{\dfrac{Ls}{R_M+L_M s}+LCs^2+1} \tag{9.13}
$$

为了验证所建立模型的正确性，假设滤波电容和滤波电感为理想元件，选用 BUCK 电路的参数如下：$U_i = 12\text{V}$，滤波电感 $L = 150\text{mH}$，滤波电容 $C = 400\mu\text{F}$，励磁线圈的电阻 $R_M = 12\Omega$、电感 $L_M = 1\mu\text{H}$，$D = 0.5$。将参数代入式（9.13）得到传递函数为

$$\frac{\hat{u}_o(s)}{\hat{d}(s)}\bigg|_{\hat{u}_i(s)=0} = \frac{144 + 12\times10^{-6}s}{6\times10^{-11}s^3 + 72\times10^{-5}s^2 + 0.15s + 12} \quad (9.14)$$

为了验证运用状态空间平均法建模的可行性，将所建立模型工作于一定占空比下，并将其响应曲线与理想器件模型在相同占空比下的响应曲线进行比较[21]。图9.10所示为占空比 $k_d = 0.5$ 时，基于状态空间平均法的 BUCK 变换器模型和理想 BUCK 电路仿真模型的响应对比曲线。由图9.10可见，由状态空间平均法建立的模型忽略了开关周期内的高频变化，相比于由理想电路仿真结果有较小的波动，这是由于开关的不断通断作用引起的。当改变电路仿真开关器件的导通频率，纹波也会相应变化；虽然两种模型在启动时有相对较大的差别，但在稳态时两种模型的响应曲线基本保持一致。总体而言，运用状态空间平均法所建立的模型能够准确地反映 BUCK 电路的响应结果，验证了其有效性和可行性。

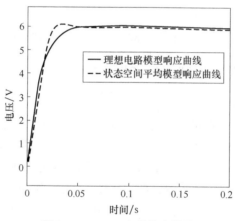

图 9.10 BUCK 电路仿真结果

9.3 反馈力跟踪控制策略研究

反馈力的稳定性和实时性直接关系到磁流变力反馈数据手套的使用效果，因此有必要对其反馈力控制策略进行研究[22,23]。

9.3.1 磁流变力反馈装置传递函数的建立

在反馈力控制系统中，通过控制磁流变液制动器的励磁电流来调节反馈力

的大小，磁流变液制动器的数学模型可写成一阶惯性环节和延时环节[24]

$$G(s) = \frac{F(s)}{I(s)} = \frac{K_0}{T_0 s + 1} e^{-\tau s} \tag{9.15}$$

式中，$I(s)$ 为励磁电流；$F(s)$ 为输出阻尼力；τ 为滞后时间常数；T_0 为时间常数；K_0 为磁流变液制动器的增益。

由于 τ 值较小，则 $e^{-\tau s}$ 可简化为 $\frac{1}{1+\tau s}$，故磁流变液制动器的传递函数为

$$G(s) = \frac{F(s)}{I(s)} = \frac{K_0}{(T_0 s + 1)(1 + \tau s)} \tag{9.16}$$

由于难以对磁流变液制动器进行准确建模，故利用 MATLAB 系统辨识工具箱辨识求解其具体数学模型[25]。通过测定磁流变液制动器励磁电流与反馈力之间的关系，并分别以励磁电流和反馈力作为磁流变液制动器传递函数辨识的输入和输出数据。经简单的参数设置后，便可得到磁流变液制动器传递函数的辨识结果为 $K_0 = 5.3732 \times 10^6$、$T_0 = 6697.3$、$\tau = 0.19348$。Best fits 达到了 94.21%，具有较好的拟合度。代入式（9.16），可以得到磁流变液制动器传递函数的具体表达式为

$$G(s) = \frac{F(s)}{I(s)} = \frac{5.3732 \times 10^6}{(6697.3 s + 1)(1 + 0.19348 s)} \tag{9.17}$$

9.3.2 反馈力控制策略制定与仿真分析

1. 常规 PID 控制

操作者在穿戴力反馈数据手套操作过程中，系统如果能够实时求解出手与环境交互的作用力变化规律，力反馈装置就可以按照预期的目标施加给操作者相应的反馈力。采用 PID 算法对反馈力进行闭环反馈控制，图 9.11 所示为反馈力常规 PID 控制原理框图。其中，期望反馈力 $r(t)$ 作为控制输入量，通过薄膜压力传感器采集得指尖实际反馈力 $y(t)$，并将其反馈给控制系统，将操作者指尖反馈力的偏差值 $e(t)$ 输入 PID 控制器，经过运算处理后得到系统的控制量，并将其作为输入量输入电流控制器，由电流控制器调整磁流变液制动器的励磁电流，以控制反馈力的变化。

2. 自适应模糊 PID 控制

自适应模糊 PID 可以随时分析 PID 控制的偏差 E 和偏差变化率 EC，实时调整 PID 控制的三个参数以得到最适合的系统控制量，能够增强系统控制的稳定性和鲁棒性，提高控制效果[26]。反馈力自适应模糊 PID 控制原理框图如图 9.12 所示，模糊控制器的输入变量为 PID 控制的偏差 E 和偏差变化率 EC，输出变量为 PID 三个参数的变化量 ΔK_P、ΔK_I、ΔK_D，实时调整 PID 控制器的三个参数，

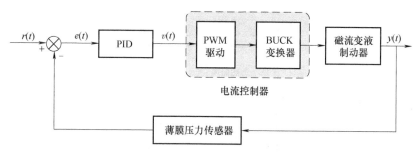

图 9.11　反馈力常规 PID 控制原理框图

并将其作为输入量输入电流控制器，由电流控制器调整磁流变液制动器的励磁电流，以控制反馈力的变化。利用自适应模糊 PID 控制可以满足系统不同时刻对于 PID 控制参数实时调整的要求。

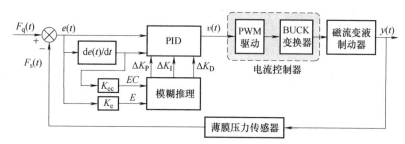

图 9.12　反馈力自适应模糊 PID 控制原理框图

3. 仿真结果分析

为了检验两种控制策略的反馈力控制效果，在 SIMULINK 中分别搭建了基于常规 PID 和自适应模糊 PID 的反馈力控制仿真模型。

给系统施加一个单位阶跃信号，得到两种控制器的仿真结果对比如图 9.13 所示。从系统超调量、上升时间、调整时间来分析两种控制器的控制效果。图 9.13 中，基于常规 PID 的控制模型具有较大的超调量，其在 0.24s 基本达到稳定值；而采用自适应模糊 PID 的控制模型基本上无超调，在 0.025s 基本达到稳定值，其响应速度明显快于基于常规 PID 控制的响应速度。

为了研究两种控制器的反馈力跟踪性能，分别施加频率为 10Hz 和 30Hz 的正弦信号进行仿真，结果如图 9.14 所示。由图 9.14 可见，当输入频率为 10Hz 的正弦信号时，常规 PID 控制器和自适应模糊 PID 控制器都具有良好的力跟踪效果，但当输入频率为 30Hz 的正弦信号时，常规 PID 控制器出现了较大的跟踪误差，而自适应模糊 PID 控制器依然保持良好的反馈力跟踪效果。

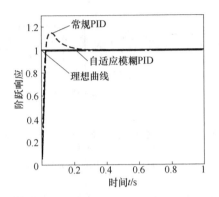

图 9.13　两种控制器的单位阶跃响应曲线

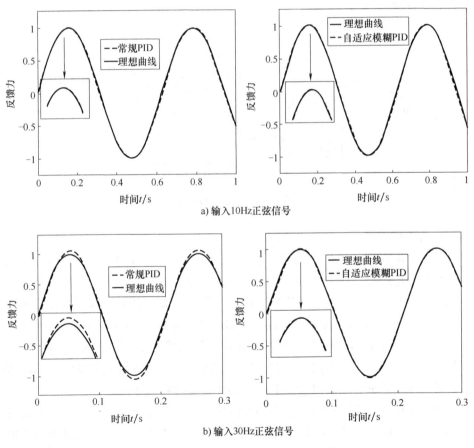

a) 输入10Hz正弦信号

b) 输入30Hz正弦信号

图 9.14　两种控制器的反馈力跟踪曲线

综合考虑单位阶跃信号和正弦信号下的反馈力跟踪性能，自适应模糊 PID

控制器的输出响应达到稳定状态的时间更短，响应过程平稳且几乎无超调量。而随着输入信号频率的增加，常规 PID 控制器明显出现较大的跟踪误差，而自适应模糊 PID 控制器仍保持良好的跟踪精度。因此，自适应模糊 PID 控制器能够满足磁流变力反馈数据手套的反馈力快速精确控制要求。

9.4　实验研究

9.4.1　传感测量系统的标定实验

由于数据手套传动结构和磁流变液材料性能等影响，实际传递到操作者指尖的反馈力往往与理论值之间存在一定偏差[27]。为了消除该偏差，以使系统尽可能产生满足操作者预期的反馈力，通过将压力传感器安装在指套与操作者指尖之间，在进行力反馈操作时，压力传感器实时测量作用在操作者指尖的反馈力，并提供给控制系统以进行闭环控制，提高反馈力控制的精确度。

所使用的压力传感器是电阻型薄膜压力传感器，外部施加压力越大，传感器电阻值越小。通过标定实验获得其特性曲线，实验台如图 9.15 所示，其中，薄膜压力传感器的量程为 2kg，受力区域是中间直径为 10mm 的圆区域，压力计的量程为 20N，供电电压为 5V。在对薄膜压力传感器进行标定前，将直径 10mm、厚度 2mm 的圆形聚氨酯橡胶片分别垫在薄膜压力传感器敏感区的表面，以保证施加的力能够均匀作用在压力传感器的有效区域内，避免出现载荷集中的情况。薄膜压力传感器的标定结果如图 9.16 所示，由图可见，正向加载和反向卸载情况下的测试数据存在一定的偏差，将两种加载模式下的数据求平均后其结果近似呈线性关系；采用多项式一次拟合，其拟合结果与实测结果的相关系数高达 0.9883，拟合效果良好。

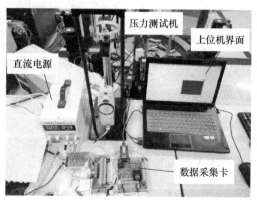

图 9.15　薄膜压力传感器标定实验台

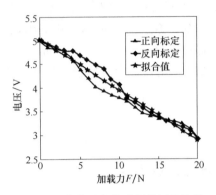

图 9.16　薄膜压力传感器的标定结果

9.4.2　磁流变液制动器的性能测试

为了测试磁流变液制动器的输出阻尼力性能，搭建其性能测试平台如图 9.17所示。实验测得电流为 0～1A 范围内，磁流变液输出力矩与电流的关系如图 9.18a 所示，由图可得，在电流为 1A 时磁流变液制动器的输出力矩约为 0.25N·m，满足最大反馈力设计需求，并且在电流 0～0.5A 范围内，磁流变液制动器的输出力矩具有良好的线性度。

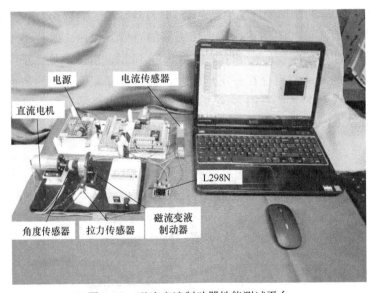

图 9.17　磁流变液制动器性能测试平台

磁流变液制动器的输出力矩随转速变化情况如图 9.18b 所示，为了贴近人手的抓握情况，实验最高转速设为 2.5r/min。从图 9.18b 中可以看出，在电流为 0、转速为 2.5r/min 时，摩擦力矩约为 0.0011N·m，可忽略不计；在电流为 1A 时，当转速由 0.5r/s 增至 2.5r/s，输出力矩从 0.248N·m 增加至 0.253N·m，增加率仅为 2.01%，可知输出力矩随转速变化幅度很小，总体上具有良好的稳定性。综合可知，磁流变液制动器的输出力矩具有良好的控制性能。

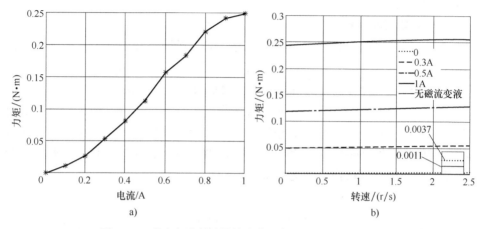

图 9.18　磁流变液制动器输出力矩与电流和转速的关系

9.4.3　磁流变力反馈数据手套实验研究

磁流变力反馈数据手套实验系统如图 9.19 所示，主要包括直流电源、磁流变力反馈数据手套、薄膜压力传感器、角度传感器、计算机、数据采集板卡等。其工作原理为：将磁流变力反馈数据手套穿戴于操作者手臂上，通过数据采集板卡的 PWM 信号输出端为磁流变液制动器提供不同的励磁电流以产生不同的输出阻尼力，在操作者进行抓握的过程中，角度传感器和薄膜压力传感器可以实

图 9.19　磁流变力反馈数据手套实验系统

时测量操作者抓握角度和指尖反馈力，通过直流电源给实验系统中的薄膜压力传感器和角度传感器提供 5V 的供电电压。

为了验证磁流变力反馈数据手套的性能以及操作者抓握时角度测量的准确性，将对其开展抓握角度测量实验、反馈力稳定性实验以及反馈力跟踪实验。本节以中指为例进行实验研究。

1. 抓握角度测量实验

重复进行三次极限抓握角度测量实验，记录抓握过程中远指节极限抓握角度变化曲线如图 9.20 所示。本设计中，中指角度测量机构的具体参数为：$a = 20mm$、$b = 60mm$、$c = 40mm$。由图 9.20 可见，操作者手指在进行抓握动作时，远指节角度平稳上升，表明角度测量机构具有较好的稳定性。通过将每次测量结果代入式（9.1），得到操作者中指的平均极限抓握角度为 89.26°，而操作者中指的实际极限抓握角度约为 90°，可见测量结果和实际抓握角度基本吻合，验证了所设计角度测量机构的合理性和准确性。

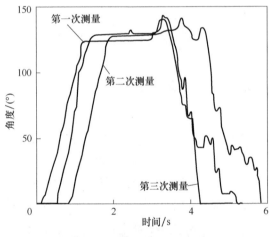

图 9.20　抓握角度实验结果

2. 反馈力稳定性实验

图 9.21 为操作者多次抓握过程中指尖反馈力变化曲线，图中第一小段是当不给磁流变液制动器施加电流的时候，操作者进行抓握过程中的系统阻尼力；第一个波峰是当给磁流变液制动器施加 0.1A 的电流时，操作者开始进行第一次抓握过程中的指尖反馈力；第二个波峰是当给磁流变液制动器施加 0.2A 的电流时，操作者开始进行第二次抓握过程中的指尖反馈力；第三个波峰是当给磁流变液制动器施加 0.3A 的电流时，操作者开始进行第三次抓握过程中的指尖反馈力。

图 9.22 所示是当给磁流变液制动器施加 0.3A 的电流时，不同抓握速度下

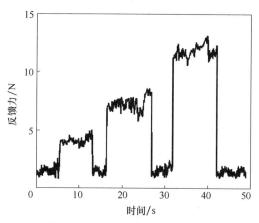

图9.21 反馈力稳定性实验结果

的指尖反馈力变化曲线。分析实验结果可以看出，当不给磁流变液制动器施加电流操作者进行抓握时，磁流变力反馈数据手套的指尖反馈力为1N左右，其中主要包括磁流变液制动器的黏滞阻尼力以及钢丝绳-线管传动过程中的摩擦。当给磁流变液制动器分别施加0.1A、0.2A和0.3A的电流时，操作者抓握的过程中反馈力处于比较稳定的状态，并且反馈力的增长趋势符合磁流变液制动器的测试结果，验证了传动系统的稳定性以及指尖力反馈的可行性。从图9.22中可以看出，操作者快速抓握和慢速抓握对指尖反馈力的影响很小，表明了圆盘式磁流变液制动器受抓握速度影响很小。

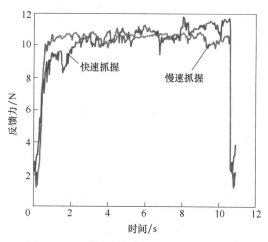

图9.22 反馈力受抓握速度影响对比曲线

3. 反馈力跟踪实验

图9.23所示为对力反馈数据手套施加连续变化电流时的反馈力跟踪曲线。

实验过程中为磁流变液制动器提供了 0A 到 0.3A 连续变化的电流。分析实验结果可知，当连续不断地为磁流变液制动器施加递增的电流时，实验所得的反馈力能够快速地跟上理论反馈力的大小，并且当突然去掉电流之后，反馈力能够瞬间地响应卸载，证明了力反馈数据手套具有较好的力跟踪效果。

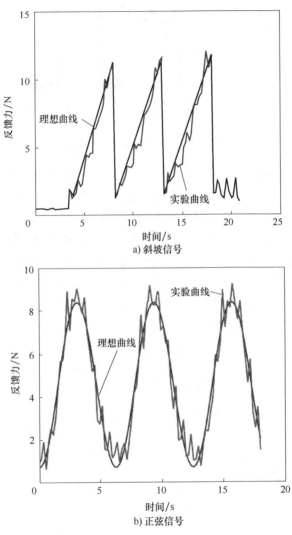

图 9.23　反馈力跟踪实验结果

参 考 文 献

[1]　刘寒冰，赵丁选.临场感遥操作机器人综述 [J].机器人技术与应用，2004（01）：

42-45.

［2］　郭松，杨明杰，谭军. 手术机器人面临的一大挑战——力触觉反馈［J］. 中国生物医学工程学报，2013，32（4）：499-503.

［3］　朱海东. 主手设计及主从系统控制［D］. 南京：南京航空航天大学，2009.

［4］　BOUZIT M，BURDEA G，POPESCU G，et al. The rutgers master II-new design force-feedback glove［J］. IEEE/ASME Transactions on Mechatronics，2002，7（2）：256-263.

［5］　王道明，庞佳伟，訾斌，等. 磁流变力反馈式数据手套及应用其实现远程操作的方法：201710156980. 8［P］. 2017-03-16.

［6］　杨庆华，张立彬，阮健，等. 人类手指抓取过程关节的运动规律研究［J］. 中国机械工程，2004（13）：26-29.

［7］　马永达，袁锐波，刘泓滨，等. 人手食指抓取过程仿真与分析［J］. 新技术新工艺，2015（01）：103-106.

［8］　NAKAGAWARA S，KAJIMOTO H，KAWAKAMI N，et al. An encounter-type multi-fingered master hand using circuitous joints［C］. IEEE International Conference on Robotics and Automation，Barcelona，Spain，Apr. 18-22，2005.

［9］　LELIEVELD M J，MAENO T，TOMIYAMA T. Design and development of two concepts for a 4 DOF portable haptic interface with active and passive multi-point force feedback for the index finger［C］. Proceedings of ASME International Design Engineering Technical Conferences and Computers and Information In Engineering Conference，Philadelphia，USA，Sep. 10-13，2006.

［10］　Winter S H，Bouzit M. Use of magnetorheological fluid in a force feedback glove［J］. IEEE Transactions on Neural Systems and Rehabilitation Engineering，2007，15（1）：2-8.

［11］　GU X C，ZHANG Y F，SUN W Z，et al. Dexmo：An inexpensive and lightweight mechanical exoskeleton for motion capture and force feedback in VR［C］. 34th Annual CHI Conference on Human Factors In Computing Systems，San Jose，USA，May 07-12，2016.

［12］　MA H，CHEN B，QIN L，et al. Design and testing of a regenerative magnetorheological actuator for assistive knee braces［J］. Smart Materials and Structures，2017，26（3）：035013.

［13］　SOHN J W，JEON J，NGUYEN Q H，et al. Optimal design of disc-type magneto-rheological brake for mid-sized motorcycle：experimental evaluation［J］. Smart Materials and Structures，2015，24（8）：085009.

［14］　武晓楠，段元锋，樊可清. 用于磁流变阻尼器的电流控制器［J］. 电子测量技术，2013，36（5）：32-37.

［15］　温洪昌，廖昌荣，严小锐. 磁流变液阻尼的电流驱动器设计与实验测试［J］. 电子测量技术，2008，31（07）：52-55.

［16］　余森，陈爱军，廖昌荣，等. 磁流变阻尼器的电流驱动器的设计与测试［J］. 仪器仪表学报，2006，27（08）：928-931.

［17］　朱伟，马履中，谢俊，等. 用于磁流变减振的 PWM 控制器设计及实验分析［J］. 仪器

仪表学报，2007，28（08）：1405-1409.

[18] 王亚民. 地铁车辆磁流变制动技术及其电流控制器的研究［D］. 成都：西南交通大学，2018.

[19] 马幼捷，马玲，周雪松. 基于状态空间平均法的非理想 BUCK 变换器 CCM 模态建模与仿真［J］. 天津理工大学学报，2014，30（05）：13-16.

[20] 孙路，陆亭华，赵继敏. BUCK 变换器状态空间平均法建模与闭环仿真［J］. 电气自动化，2014，36（04）：1-3.

[21] 杨泽轩，郑建立. 基于 MATLAB 的 BUCK 电路设计与 PID 闭环仿真［J］. 信息技术，2015（10）：155-158.

[22] WANG N，WANG S，PENG Z，et al. Braking control performances of a disk-type magneto-rheological brake via hardware-in-the-loop simulation［J］. Journal of Intelligent Material Systems and Structures，2018，29（20）：3937-3948.

[23] 王利锋，路和，龚小祥. 基于 LabVIEW 的磁流变液传动装置速度控制技术分析［J］. 机械设计与研究，2018，34（03）：50-53.

[24] 吴凡，李伟雄. 基于 MATLAB 系统辨识工具的系统辨识［J］. 河北农机，2016（11）：59-60.

[25] 王利锋. 矿物油基磁流变液传动系统速度控制技术研究［D］. 徐州：中国矿业大学，2016.

[26] 胡利永. 基于回转式磁流变液阻尼器的张力控制研究［D］. 长春：吉林大学，2010.

[27] 庞佳伟. 磁流变力反馈式数据手套设计与反馈力控制研究［D］. 合肥：合肥工业大学，2019.

第10章　基于磁流变液制动器的手部主被动康复训练机器人

手部康复训练机器人的主要功能是辅助患者进行手指伸展和弯曲运动，进而加强肌肉肌腱的运动强度，以达到逐渐恢复患者生活自理能力的目的。根据不同康复阶段的训练要求，手部康复训练机器人要兼具主动训练和被动训练两种模式，并且要具有柔顺性好、安全性高、人机交互友好等特点。本章以人体手部康复训练机器人为研究对象，根据人体手指的耦合运动规律和康复训练需求，研制一款柔顺、安全、多功能的可穿戴式手部主被动康复训练机器人，其采用气动人工肌肉作为被动训练的驱动器，以磁流变液制动器作为主动训练的阻尼装置。分别开展运动学正解、运动仿真和传动机构力学分析，并开发手部康复训练机器人的控制系统。采用表面肌电信号为控制源，进行基于人体运动意图识别的康复训练，在主动训练中可根据患者的运动意图自动调整磁流变液制动器的输出训练阻力，实现自适应性主动训练，有效提高了康复训练的安全性和患者的参与度。

10.1　手部主被动康复训练机器人的结构设计

手部康复训练机器人是根据正常人手的关节尺寸和运动规律设计的一种帮助患者进行手部运动且可以进行训练信息反馈的康复器械[1-3]，其通常包括手指训练机构、信息采集与反馈系统、人机交互系统以及康复训练评价系统四个部分[4-6]。其中，手指训练机构一般是由驱动装置、阻尼训练装置和外骨骼传动装置三个部分组成的。

10.1.1　手部生物学特性分析

患者通过将康复训练机器人穿戴在手部，进行手指各关节的康复训练。因而在进行机器人整体结构设计前，需对人手的生物学特性进行分析。图10.1所示为人手的外骨骼结构，其中四指由近指骨、中指骨和远指骨组成，包括掌指关节（MP）、近指关节（PIP）和远指关节（DIP）；拇指包括近指骨和中指骨，其转动具有两个自由度，分别由 MP、DIP 两关节驱动。

根据人手生物学特性可知，人手进行抓握动作的主要特点有：①除拇指外四指的 MP 关节均有两个自由度，在人手抓握中是由手指 14 个关节的转动和四指 MP 关节的侧摆运动组成；②手指的 MP、PIP、DIP 三个关节可相对于掌面垂直屈伸，且三个关节在运动过程中具有一定的耦合关系[7]；③各手指的运动空间有限，即其弯曲角度具有一定范围；④在限定 MP 关节的侧摆运动时，四指仍可以进行正常的屈伸运动。根据实验测定和人体生物学的相关资料可知[8]，正常成年人手指关节长度及运动角度参数见表 10.1。

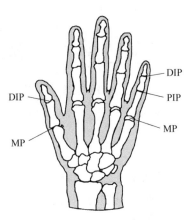

图 10.1　人手外骨骼结构

表 10.1　手指各关节长度及运动角度

关节	食指/mm	中指/mm	无名指/mm	小指/mm	拇指/mm	运动角度/(°)
MP	43~50	44~51	43~50	37~42	45~55	0~90
PIP	24~30	25~31	24~30	23~26	—	0~110
DIP	23~26	24~27	23~26	21~24	28~33	0~70

人手在进行正常抓握和伸展过程中，手指三个关节之间的运动并非是独立的，而是在其活动范围内的运动弯曲角度符合一定的耦合关系。通过查阅文献 [9] 可知，手指的三个关节在正常伸展和抓握过程中，各关节相对于其前端关节的运动角度近似为 1 : 1.5 : 1 的关系，即 $\theta_1 : \theta_2 : \theta_3 = 1 : 1.5 : 1$。其中，$\theta_1$、$\theta_2$、$\theta_3$ 为当前关节相对于前端关节的运动角度，如图 10.2 所示。

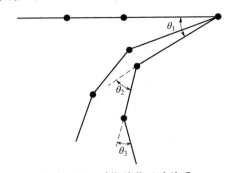

图 10.2　手指关节运动关系

10.1.2　整体结构设计与样机研制

对于手部功能受损的患者，因触觉感知较低、运动控制能力差，故其手指相对于正常人较为脆弱。因此在进行手部康复训练机器人设计时要遵循"以人为本"的思想，并兼顾安全性、柔顺性、适应性、功能性和交互性等原则。具体设计要求如下：①兼有主动训练、被动训练和主被动训练等多种训练模式，不仅可以进行整体抓握/伸展训练，还可对各手指进行独立训练；②被动训练的驱动装置采用变刚度的柔性驱动器，并通过柔索传动实现各个关节的运动训练；③设计轻巧、紧凑、安全且阻力连续可调的阻尼装置为主动训练提供阻尼力；④考虑患者的实际使用需求，整体结构为可穿戴外骨骼式；⑤采用肌电信号为控制源，可进行基于人体意图的康复训练。

1. 机构设计

由于人体手指尺寸较小且结构紧凑，在进行康复训练机器人结构设计时，将被动训练的驱动装置和主动训练的阻尼装置均放置在手部后方，这样不会对手部的运动造成干涉。

图 10.3 所示为单根手指康复训练机器人传动机构图。选取气动人工肌肉为手指运动的驱动装置，其一侧伸出的钢丝绳通过导向轮连接移动板，并可通过手动调节导向轮的位置进行钢丝绳的预紧。其中，两根气动人工肌肉分别放置在弹簧支撑架上，弹簧支撑架与支撑板连接，从而使气动人工肌肉可以正常地在弹簧支撑架上伸缩变形；气动人工肌肉的另一侧通过螺纹套连接拉力传感器，两个拉力传感器通过绕在磁流变液制动器轮上的钢丝绳相互连接，在磁流变液制动器的输出轴上安装有角度传感器。在气动人工肌肉的驱动下，两个移动板通过轴承在滑槽里水平移动，并通过三根钢丝绳分别与三个关节的传动轮连接。其中，在近指关节传动轮、远指关节传动轮上均开有两个轮槽，每个关节均有钢丝绳驱动，其中，两个远指关节传动轮通过两根钢丝绳逐步传动。图 10.3 中所示的近指关节传动轮和两个远指关节轮与各指骨轴可相对转动。各关节指骨

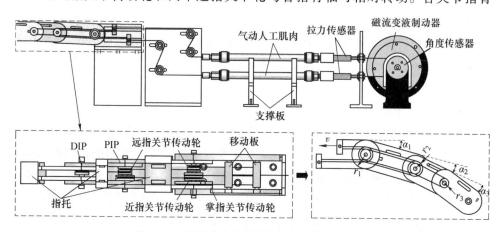

图 10.3　单根手指康复训练机器人传动结构图

支撑架和对应指套固定连接，进而通过绑带将手指固定在指托上，使手指跟随各指骨支撑架进行运动。在被动康复训练过程中，通过气动人工肌肉的伸缩拉动移动板在滑槽内移动，从而驱动手指三个关节的转动。

本设计采用差速传动原理，即通过改变同一轴上多个手指关节传动轮的直径大小，进而在同一驱动速度下将不同的角速度传递至各个关节。根据上述手指各关节的运动耦合关系，可得

$$\begin{cases} \omega_1 = \dfrac{v}{r_1} \\[2mm] \omega_2 = \dfrac{v}{r_2} - \dfrac{v}{r_1} \\[2mm] \omega_3 = \dfrac{v}{r_3} - \dfrac{v}{r_2} \end{cases} \tag{10.1}$$

式中，ω_1、ω_2、ω_3 分别为三个关节相对于上一关节的角速度，其中 $\omega_1 : \omega_2 : \omega_3 = 1 : 1.5 : 1$。

综合考虑装置的尺寸、安装和加工等因素，选取 $r_1 = 3.5 r_3 = 2.5 r_2 = 10\text{mm}$。

2. 驱动装置设计

目前康复训练机器人多采用电机、液压或气动等驱动方式。电机驱动精度高、控制简单，但易出现堵转等故障，安全性相对较差；液压驱动相对繁重、体积较大、稳定性较差[10-12]；气压驱动则采用气泵为动力元件，以空气为动力源，具有经济、轻巧的优点。

为了实现仿人手的伸展和抓握，且在训练中保证安全性和柔顺性，采用气动人工肌肉作为被动训练的驱动器[13]，其驱动原理和关节驱动方式如图 10.4 所示，当向气动人工肌肉内充气加压时，其内部会膨胀，进而收缩[14]。因此，在康复训练前，通过预先限制一定的工作气压即可间接设置手指的运动范围。由于气动人工肌肉除受气压外，同时还受外负载影响，具有变刚度特性，因此在供气气压设置后，即使发生控制或硬件上的错误也不会对患者的手指造成伤害，具有较高的安全性。

3. 阻尼装置设计

为了给患者提供安全且连续可控的训练效果，采用轻巧、低功耗的磁流变液制动器作为主动训练的阻尼装置。所设计磁流变液制动器采用圆盘结构形式，在手指主动运动时提供训练阻尼力，静止时无作用力，在主动康复训练过程中，可通过控制励磁线圈的电流来调整训练阻力。基于人体手指的生物学结构和正常人手的抓握力，每个手指单独设置一个磁流变液制动器，设定磁流变液制动器最大可提供 $0.15\text{N} \cdot \text{m}$ 的训练阻力矩。

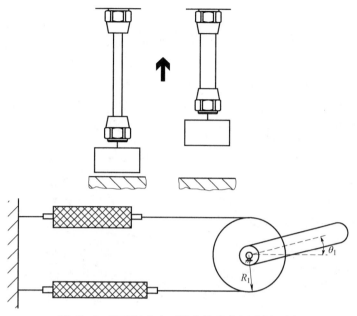

图 10.4　基于气动人工肌肉的关节驱动原理图

4. 实物样机搭建

　　考虑人体手部的生物学特性和穿戴的舒适性，按照设计要求，4 个手指采用平行分布，其横向间距约为 2mm。为了保证手部运动的舒适性，拇指面与手掌面夹角为 40° 左右；为节约空间，4 个磁流变液制动器采用交叉布置，间接保证了 4 个手指的间距，并可根据人手结构进行一定的微调。康复训练时，人手朝上放置，手臂放置在弧形支撑架上。手部主被动康复训练机器人的整体机械结构如图 10.5 所示。为了保证结构轻巧型、实用性和经济性，手部康复训练机器人的底板和手指支撑部分均采用铝合金制成，关节传动轮和关节轴等采用 304 不锈钢制成。图 10.6 所示为手部主被动康复训练机器人的实物样机。

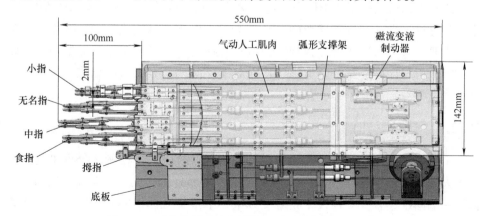

图 10.5　手部主被动康复训练机器人的整体机械结构

磁流变液
制动器

角度传感器

气动人工
肌肉

图 10.6   手部主被动康复训练机器人实物样机

10.2   手部主被动康复训练机器人运动学及力学分析

本节主要对所设计手指主被动康复训练机器人的传动结构进行运动学分析，并对康复训练机构进行力学研究。运动学分析包括运动学正解和运动仿真分析，主要是分析手指各指骨支撑架的运动耦合关系以验证结构设计的合理性；力学研究主要是对手指近指骨支撑架、中指骨支撑架、远指骨支撑架上的钢丝绳张力进行分析与计算，并以此为基础建立双端反向气动人工肌肉拮抗对拉模型及其动力学方程。

10.2.1   运动学正解

由于除拇指外的其余四指生物学特性相似，故以食指为例，分析康复训练机器人的运动学特性。如图 10.7 所示，将食指部分简化成三段连杆，近指骨支撑架一端固定，另一端连接中指骨支撑架，中指骨支撑架的另一端连接远指骨支撑架，三个指骨支撑架分别以角速度 ω_1、ω_2 和 ω_3 弯曲或伸展，其中，ω_1 为近指骨支撑架绕关节 1 的角速度，ω_2 为中指骨支撑架绕关节 2 的角速度，ω_3 为远指骨支撑架绕关节 3 的角速度，$\omega_1 : \omega_2 : \omega_3 = 1 : 1.5 : 1$。

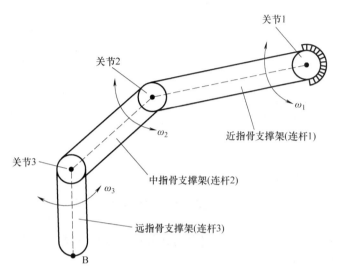

图 10.7　食指外骨骼机构简图

简化后的食指康复训练机构有 3 个自由度，其中，连杆 1、连杆 2 和连杆 3 各有一个自由度，长度分别为 l_1、l_2、l_3，相邻连杆之间的夹角分别为 θ_1、θ_2 和 θ_3。采用 D-H 方法建立食指康复训练机构的坐标图，其中，基础坐标系 $x_0y_0z_0$ 固定在手掌上，坐标系 $x_1y_1z_1$ 固定在连杆 1 上，并随关节 1 相对于坐标系 $x_0y_0z_0$ 转动，其原点 O_1 位于手掌与连杆 1 的交点处，O_1 与 O_0 之间的距离为 l_0，并令 $l_0 = 0$。轴 x_1 沿连杆 1 方向，轴 z_1 沿关节 1 的轴线向外，轴 y_1 按照右手法则确定。同样的，坐标系 $x_2y_2z_2$、$x_3y_3z_3$ 按照与坐标系 $x_1y_1z_1$ 相似的方式建立，最终得到食指外骨骼连杆参考坐标系如图 10.8 所示。

根据 D-H 理论，得到各连杆参数见表 10.2。其中，θ_i 为相邻连杆之间夹角，α_{i-1} 为相邻两连杆扭角，l_{i-1} 为连杆长度，d_i 为相邻两连杆之间的距离。

表 10.2　食指外骨骼连杆的 D-H 参数

关节 i	θ_i	$\alpha_i/(°)$	l_{i-1}	d_i	关节变量范围/(°)
1	θ_1	90	0	0	0~90
2	θ_2	0	l_1	0	0~110
3	θ_3	0	l_2	0	0~70

根据 D-H 理论，将一个连杆与下一个连杆坐标系之间相对关系的齐次变换

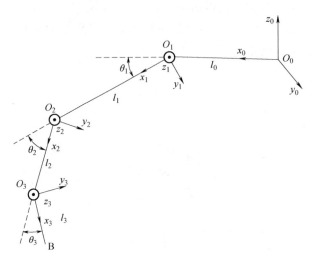

图 10.8　食指外骨骼连杆参考坐标系

矩阵叫作 **A** 矩阵，将 2 个或 2 个以上的 **A** 矩阵乘积叫作 **T** 矩阵[15]。则相邻坐标系之间的齐次变换矩阵为

$$
{}^{i-1}\boldsymbol{A}_i = \begin{bmatrix} \cos\theta_i & -\sin\theta_i & 0 & l_i \\ \sin\theta_i\cos\alpha_i & \cos\theta_i\cos\alpha_i & -\sin\alpha_i & 0 \\ \sin\theta_i\sin\alpha_i & \cos\theta_i\sin\alpha_i & \cos\alpha_i & 0 \\ 0 & 0 & 0 & 1 \end{bmatrix} \tag{10.2}
$$

代入表 10.2 中的参数，可得各坐标系之间的变换矩阵为

$$
{}^{0}\boldsymbol{A}_1 = \begin{bmatrix} \cos\theta_1 & -\sin\theta_1 & 0 & 0 \\ 0 & 0 & -1 & 0 \\ \sin\theta_1 & \cos\theta_1 & 0 & 0 \\ 0 & 0 & 0 & 1 \end{bmatrix} \tag{10.3}
$$

$$
{}^{1}\boldsymbol{A}_2 = \begin{bmatrix} \cos\theta_2 & -\sin\theta_2 & 0 & l_1 \\ \sin\theta_2 & \cos\theta_2 & 0 & 0 \\ 0 & 0 & 1 & 0 \\ 0 & 0 & 0 & 1 \end{bmatrix} \tag{10.4}
$$

$$
{}^{2}\boldsymbol{A}_3 = \begin{bmatrix} \cos\theta_3 & -\sin\theta_3 & 0 & l_2 \\ \sin\theta_3 & \cos\theta_3 & 0 & 0 \\ 0 & 0 & 1 & 0 \\ 0 & 0 & 0 & 1 \end{bmatrix} \tag{10.5}
$$

则末端远指骨支撑架的位姿矩阵为

$$^0\boldsymbol{T}_3 = {}^0\boldsymbol{A}_1{}^1\boldsymbol{A}_2{}^2\boldsymbol{A}_3 = \begin{bmatrix} c_{123} & -s_{123} & 0 & l_2c_{12}+l_1c_1 \\ 0 & 0 & -1 & 0 \\ s_{123} & c_{123} & 0 & l_2s_{12}+l_1s_1 \\ 0 & 0 & 0 & 1 \end{bmatrix} \quad (10.6)$$

指尖点 B 在坐标系 $x_3y_3z_3$ 下的齐次坐标为

$$^3\boldsymbol{T}_\mathrm{B} = \begin{bmatrix} l_3 \\ 0 \\ 0 \\ 1 \end{bmatrix} \quad (10.7)$$

因此，指尖点 B 在基础坐标系 $x_0y_0z_0$ 下的齐次坐标为

$$^0\boldsymbol{T}_\mathrm{B} = {}^0\boldsymbol{T}_3{}^3\boldsymbol{T}_\mathrm{B} = \begin{bmatrix} l_3c_{123}+l_2c_{12}+l_1c_1 \\ 0 \\ l_3s_{123}+l_2s_{12}+l_1s_1 \\ 1 \end{bmatrix} \quad (10.8)$$

式中，$c_1 = \cos\theta_1$，$c_{12} = \cos(\theta_1+\theta_2)$，$c_{123} = \cos(\theta_1+\theta_2+\theta_3)$，$s_1 = \sin\theta_1$，$s_{12} = \sin(\theta_1+\theta_2)$，$s_{123} = \sin(\theta_1+\theta_2+\theta_3)$。

故指尖点 B 在基础坐标系 $x_0y_0z_0$ 下的工作空间方程为

$$\begin{cases} x = l_3\cos(\theta_1+\theta_2+\theta_3)+l_2\cos(\theta_1+\theta_2)+l_1\cos\theta_1 \\ z = l_3\sin(\theta_1+\theta_2+\theta_3)+l_2\sin(\theta_1+\theta_2)+l_1\sin\theta_1 \end{cases} \quad (10.9)$$

运用 MATLAB 求解式（10.9），得到食指指尖的工作空间如图 10.9 所示。

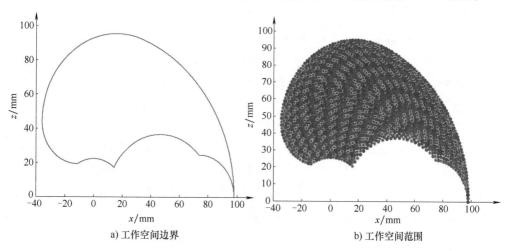

a) 工作空间边界　　　　　　　　　b) 工作空间范围

图 10.9　食指指尖的工作空间

由于食指外骨骼机构三段支撑架的角速度关系为 $\omega_1:\omega_2:\omega_3 = 1:1.5:1$，

即 $\theta_1 : \theta_2 : \theta_3 = 1 : 1.5 : 1$，故式（10.8）可写为

$$
{}^0\boldsymbol{T}_\mathrm{B} = \begin{bmatrix} l_3\cos 3.5\theta_3 + l_2\cos 2.5\theta_3 + l_1\cos\theta_3 \\ 0 \\ l_3\sin 3.5\theta_3 + l_2\sin 2.5\theta_3 + l_1\sin\theta_3 \\ 1 \end{bmatrix} \tag{10.10}
$$

运用 MATLAB 求解式（10.10），得到食指指尖的运动轨迹曲线如图 10.10 所示。

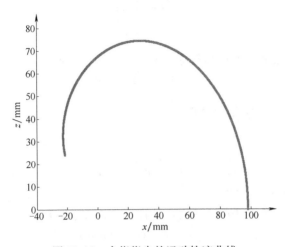

图 10.10　食指指尖的运动轨迹曲线

10.2.2　运动仿真分析

本节基于运动学仿真软件 ADAMS 对手部康复训练机器人进行运动仿真分析[16]，以模拟其弯曲与伸展康复训练动作。在 ADAMS 中导入单根手指模型，分别得到远指骨支撑架、中指骨支撑架和近指骨支撑架的角加速度和角速度曲线分别如图 10.11 所示。由图 10.11 可知，三段手指骨支撑架角速度和角加速度曲线比较平滑，在 0~1s 内，三者均做角加速度先增加后减小的加速弯曲运动；在 1~2s 内，均作匀速弯曲运动；在 2~3s 内，均作角加速度先增加后减小的减速弯曲运动。其中，在 1s 时，三段手指骨支撑架的角速度达到最大，分别为 18°/s、45°/s、63°/s，则 $\omega_1 : \omega_2 : \omega_3 = 1 : 1.5 : 1$。总体而言，该手指康复训练机构运动平稳且运动规律符合预先设计要求。

10.2.3　力学分析

在叙述了传动机构的结构组成、原理及运动学分析后，下面将着重对传动机构进行力学分析。为了清楚展示绳轮与各指骨支撑架之间的力传递关系，省

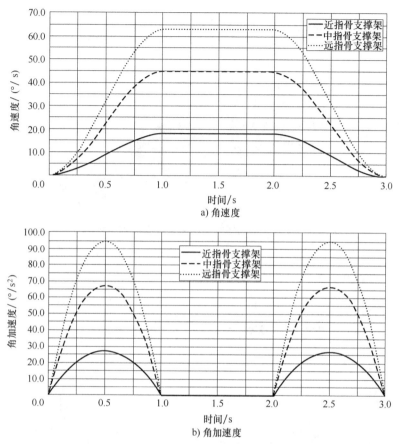

图 10.11　外骨骼支撑架角速度和角加速度曲线图

略部分零件后得到传动机构内部结构示意如图 10.12 所示。

图 10.13 为气动人工肌肉驱动移动板的受力示意图。上气动人工肌肉在充入压力为 $P_0+\Delta P$ 的气体时，其拉力为 F_a；下气动人工肌肉在充入压力为 $P_0-\Delta P$ 气体时，其拉力为 F_b；上、下移动板分别拉动三根钢丝绳，其拉力分别为 F_{a1}、F_{a2}、F_{a3} 和 F_{b1}、F_{b2}、F_{b3}。则可以得到

$$\begin{cases} F_a = F_{a1}+F_{a2}+F_{a3} \\ F_b = F_{b1}+F_{b2}+F_{b3} \end{cases} \tag{10.11}$$

图 10.14 为手指近指骨支撑架运动示意图，在上、下气动人工肌肉充入压力分别为 $P_0+\Delta P$ 和 $P_0-\Delta P$ 气体时，上、下移动板拉动绳轮Ⅵ的拉力分别为 F_{a1} 和 F_{b1}，此时近指骨支撑架转动的角度为 θ_1。则上、下移动板驱动绳轮Ⅵ转动角度 θ_1 的驱动力矩为

$$T_1 = (F_{a1}-F_{b1})R_1 \tag{10.12}$$

式中，R_1 为绳轮Ⅵ的半径。

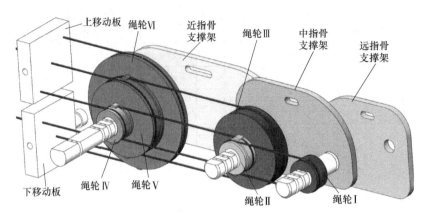

图 10.12　手指康复训练装置内部结构示意图

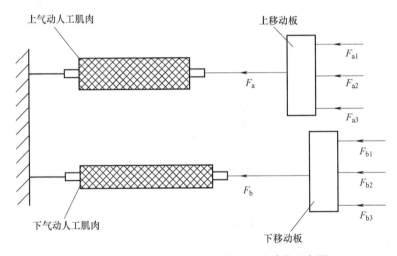

图 10.13　气动人工肌肉驱动移动板的受力示意图

图 10.15 为手指中指骨支撑架运动示意图，上、下移动板通过第一段钢丝绳拉动绳轮 V，第一段钢丝绳上的拉力分别为 F_{a2} 和 F_{b2}，绳轮 V 通过第二段钢丝绳带动绳轮 III 旋转，第二段钢丝绳上的拉力分别为 $F_{a2'}$ 和 $F_{b2'}$。绳轮 III 带动中指骨支撑架相对于近指骨支撑架转动角度 $1.5\theta_1$。由于 θ_1 值较小，将绳轮 V 近似为匀速转动，绳轮 V 与绳轮 III 的半径相等。则绳轮 V 的力矩平衡条件为

$$F_{a2}-F_{b2}=F_{a2'}-F_{b2'} \tag{10.13}$$

则上、下移动板驱动绳轮 III 转动角度 $1.5\theta_1$ 的驱动力矩为

$$T_2=(F_{a2}-F_{b2})R_2 \tag{10.14}$$

式中，R_2 为绳轮 V 的半径。

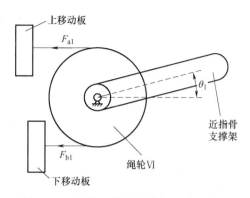

图 10.14 手指近指骨支撑架运动示意图

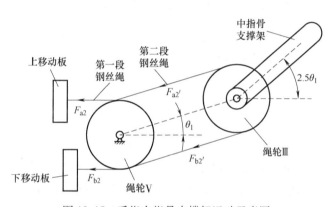

图 10.15 手指中指骨支撑架运动示意图

图 10.16 为手指远指骨支撑架运动示意图，上、下移动板通过第一段钢丝绳拉动绳轮Ⅳ，第一段钢丝绳上的拉力分别为 F_{a3} 和 F_{b3}，绳轮Ⅳ通过第二段钢丝绳带动绳轮Ⅱ旋转，第二段钢丝绳上的拉力分别为 $F_{a3'}$ 和 $F_{b3'}$，绳轮Ⅱ通过第三段钢丝绳带动绳轮Ⅰ旋转，第三段钢丝绳上的拉力分别为 $F_{a3''}$ 和 $F_{b3''}$。绳轮Ⅰ带动远指骨支撑架相对于中指骨支撑架转动角度 θ_1。

由于绳轮Ⅳ与绳轮Ⅱ和Ⅰ的半径相等，则绳轮Ⅱ的力矩平衡条件为

$$(F_{a3'}-F_{b3'})R_3 = (F_{a3''}-F_{b3''})R_3 \qquad (10.15)$$

式中，R_3 为绳轮Ⅳ的半径。

绳轮Ⅳ的力矩平衡条件为

$$(F_{a3}-F_{b3})R_3 = (F_{a3'}-F_{b3'})R_3 \qquad (10.16)$$

因此

$$F_{a3}-F_{b3} = F_{a3'}-F_{b3'} = F_{a3''}-F_{b3''} \qquad (10.17)$$

则上、下移动板驱动绳轮Ⅰ转动角度 θ_1 的驱动力矩为

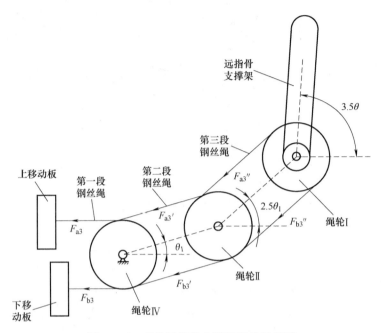

图 10.16　手指远指骨支撑架运动示意图

$$T_3 = (F_{a3} - F_b) R_3 \tag{10.18}$$

　　根据偏瘫患者患指的瘫软状况，以上、下移动板驱动绳轮Ⅵ，近指骨支撑架带动近指骨作弯曲动作为例，采用动力学原理进行建模。简化后的气动人工肌肉拮抗对拉结构如图 10.17 所示，上、下气动人工肌肉的拉力分别为 F_a 和 F_b，上、下移动板的拉力分别为 F_{a1} 和 F_{b1}，绳轮Ⅵ带动近指骨支撑架转动角度 θ_1，则气动人工肌肉拮抗对拉近指骨支撑架的动力学方程为

$$J_1 \ddot{\theta}_1 + C_1 \dot{\theta}_1 + \left(\frac{1}{2}M_1 + W_1\right) gL_1 \cos\theta_1 = R_1 (F_{a1} - F_{b1}) = T_1 \tag{10.19}$$

式中，J_1、C_1、M_1、L_1 分别为近指骨支撑架的转动惯量、黏性阻尼系数、质量和长度；W_1 为患者手指近指骨对近指骨支撑架的负载。

　　同理可得，气动人工肌肉拮抗对拉中指骨支撑架和远指骨支撑架的动力学方程分别为

$$J_2 \ddot{\theta}_2 + C_2 \dot{\theta}_2 + \left(\frac{1}{2}M_2 + W_2\right) gL_2 \cos\theta_2 = R_2 (F_{a2} - F_{b2}) = T_2 \tag{10.20}$$

$$J_3 \ddot{\theta}_3 + C_3 \dot{\theta}_3 + \left(\frac{1}{2}M_3 + W_3\right) gL_3 \cos\theta_3 = R_3 (F_{a3} - F_{b3}) = T_3 \tag{10.21}$$

式中，J_2、C_2、M_2、L_2 分别为中指骨支撑架的转动惯量、黏性阻尼系数、质量和长度；J_3、C_3、M_3、L_3 分别为远指骨支撑架的转动惯量、黏性阻尼系数、质

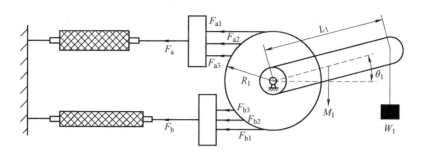

图 10.17　气动人工肌肉拮抗对拉近指骨支撑架示意图

量和长度；θ_2 为中指骨支撑架的转角；θ_3 为远指骨支撑架的转角；W_2 为患者手指中指骨对中指骨支撑架的负载；W_3 为患者手指远指骨对远指骨支撑架的负载。

由于 $\theta_2 = 1.5\theta_1$、$\theta_3 = \theta_1$，将式（10.19）~式（10.21）相加，得到气动人工肌肉拮抗对拉模型的动力学方程为

$$(J_1 + 1.5J_2 + J_3)\ddot{\theta}_1 + (C_1 + 1.5C_2 + C_3)\dot{\theta}_1 + g\left(\frac{1}{2}M_1 + W_1\right)L_1\cos\theta_1 +$$

$$g\left[\left(\frac{1}{2}M_2 + W_2\right)L_2\cos 1.5\theta_1 + \left(\frac{1}{2}M_3 + W_3\right)L_3\cos\theta_1\right] = T_1 + T_2 + T_3 \quad (10.22)$$

为了简便分析，令

$$\begin{cases} T_{PM} = T_1 + T_2 + T_3 \\ T_{PM} = (F_a - F_b)R' \end{cases} \quad (10.23)$$

式中，T_{PM} 为气动人工肌肉时给整个系统的驱动转矩；R' 为等效绳轮的半径。

令 $J = J_1 + 1.5J_2 + J_3$、$C = C_1 + 1.5C_2 + C_3$，则气动人工肌肉拮抗对拉模型的动力学方程为

$$J\ddot{\theta}_1 + C\dot{\theta}_1 + g\left[\left(\frac{1}{2}M_1 + W_1\right)L_1\cos\theta_1 + \left(\frac{1}{2}M_2 + W_2\right)L_2\cos 1.5\theta_1 +$$

$$\left(\frac{1}{2}M_3 + W_3\right)L_3\cos\theta_1\right] = T_{PM} \quad (10.24)$$

10.3　手部康复训练机器人的控制系统设计

10.3.1　控制系统结构

手部被动康复训练控制系统主要包括气动人工肌肉、气动回路元器件、单片机、各类传感器以及数据采集卡和计算机等，其结构组成如图 10.18 所示。

被动康复训练过程中，由压力传感器、角度传感器和拉力传感器采集信号并经数据采集卡转换后传输至计算机。由计算机进行数据处理与分析，并将处理的数据与系统设定的限位值进行比较，当康复训练机器人带动手指进行弯曲或伸展达到设定的极限位置时，计算机自动发出指令给单片机控制电气比例阀闭合，停止给气动人工肌肉供气，使其停止收缩，手指停止运动。

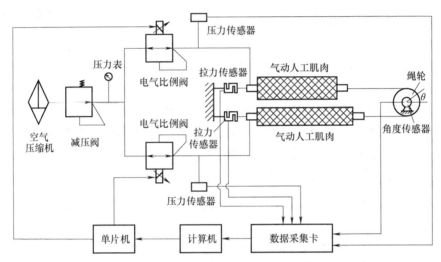

图 10.18   手部被动康复训练控制系统结构组成图

手部主动康复训练控制系统主要包括磁流变液制动器、程控电源、各类传感器、数据采集卡和计算机等，其结构组成如图 10.19 所示。将角度传感器、薄膜压力传感器与数据采集卡相连，数据采集卡连接程控电源，开启计算机的上位机界面并接通所有设备电源。在主动康复训练阶段，手指主动作弯曲和伸展动作，角度传感器和薄膜压力传感器测量弯曲角度信号和训练阻力信号，并经数据采集卡传输至计算机，由计算机进行数据处理与分析后，发出指令控制程控电源给磁流变液制动器输出励磁电流，从而控制磁流变液制动器的输出阻力矩。

10.3.2   气动回路设计

气动控制回路系统主要包括气动人工肌肉、电气比例阀、气源等，其回路原理图如图 10.20 所示。在被动康复训练时，通过计算机设定手指运动训练幅度，具体方式为：预先在计算机上设置手指的最大运动范围，通过单片机设置 PWM 信号的最大输出值，进而调整电磁比例阀的输入电压范围，控制气动人工肌肉的伸缩量，进而改变绳轮转动角度，达到控制手指运动范围的目的。选用电气比例阀调整气动人工肌肉的输入气压，同时为了气动回路的安全，设置气动人工肌肉的工作压力范围和手指的安全运动范围，并在气源输出端安装减压阀。

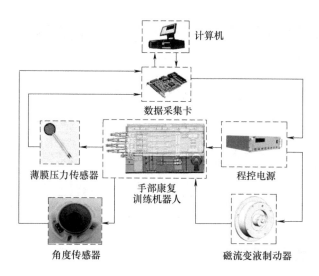

图 10.19　手部主动康复训练控制系统结构组成图

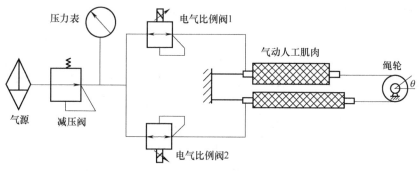

图 10.20　气动控制回路原理图

10.3.3　控制系统硬件选择

手部康复训练机器人控制系统主要由气动回路元件、角度传感器、拉力传感器、STM32 开发板、电流检测模块和电流驱动模块等组成，各主要仪器和设备的具体选型和主要功能参数见表 10.3。

表 10.3　控制系统主要硬件选型及主要功能参数

仪　　器	型　　号	主要功能参数
气泵	550W-8L	最高供气气压 0.7MPa
气源处理器二联件	BFC-4000	最高使用压力 1.0MPa，调压范围 0.05~0.9MPa

（续）

仪　　器	型　　号	主要功能参数
气动　　拇指	DMSP-5-80N-RM-CM	长度80mm，初始直径5mm
人工肌肉　四指	DMSP-5-100N-RM-CM	长度100mm，初始直径5mm
电气比例阀	ITV1050-312L	压力范围0.005~0.9MPa，精度<±2% FS
角度传感器	R24HS	角度345°±5°，独立线性精度<±1%
拉力传感器	LZ-WSI	量程5kg，综合精度±0.5% FS
STM32 开发板	STM32F407	2 路 DAC 通道
电流检测模块	HKK-13	电流检测范围0~5A，测量精度<±0.1% FS
电流驱动模块	L298N	最大功率20W，最大驱动电流2A

10.3.4　控制传递函数求解

由于气动人工肌肉拮抗对拉系统的动力学方程中存在非线性量 $\sin\theta_1$，无法对其进行拉普拉斯变换。因此，必须先对方程中的非线性量进行线性化处理，即对方程进行离散处理。令

$$\begin{cases} \theta_1 = \theta_0 + \partial\theta \\ T = T_0 + \Delta T \end{cases} \tag{10.25}$$

式中，θ_0 为系统到达平衡位置时，驱动近指骨支撑架的绳轮转角；ΔT 为一个很小的量。则

$$\begin{cases} \dfrac{\mathrm{d}\theta_1}{\mathrm{d}t} = \dfrac{\mathrm{d}(\theta_0 + \partial\theta)}{\mathrm{d}t} = \dfrac{\mathrm{d}(\partial\theta)}{\mathrm{d}t} \\ \dfrac{\mathrm{d}^2\theta_1}{\mathrm{d}t^2} = \dfrac{\mathrm{d}^2(\partial\theta)}{\mathrm{d}t^2} \end{cases} \tag{10.26}$$

将式（10.25）和式（10.26）代入式（10.24）中，得

$$J\partial\ddot{\theta} + C\partial\dot{\theta} + g\cos(\theta_0 + \partial\theta)\left[\left(\frac{1}{2}M_1 + W_1\right)L_1 + \left(\frac{1}{2}M_3 + W_3\right)L_3\right] +$$

$$g\cos 1.5(\theta_0 + \partial\theta)\left(\frac{1}{2}M_2 + W_2\right)L_2 = T_0 + \Delta T \tag{10.27}$$

进一步展开，可得

$$J\partial\ddot{\theta} + C\partial\dot{\theta} + g(\cos\theta_0\cos\partial\theta - \sin\theta_0\sin\partial\theta)\left[\left(\frac{M_1}{2} + W_1\right)L_1 + \left(\frac{M_3}{2} + W_3\right)L_3\right] +$$

$$g\left(\frac{M_2}{2} + W_2\right)L_2\left[\cos(1.5\theta_0)\cos(1.5\partial\theta) - \sin(1.5\theta_0)\sin(1.5\partial\theta)\right] = T_0 + \Delta T$$

$$\tag{10.28}$$

由于 $\partial\theta$ 是一个趋近于 0 的量，因此 $\cos\partial\theta = 1$，$\cos(1.5\partial\theta) = 1$，$\sin\partial\theta = \partial\theta$，$\sin(1.5\partial\theta) = 1.5\partial\theta$。

则式（10.28）可写成

$$J\partial\ddot{\theta} + C\partial\dot{\theta} + g(\cos\theta_0 - \partial\theta\sin\theta_0)\left[\left(\frac{M_1}{2} + W_1\right)L_1 + \left(\frac{M_3}{2} + W_3\right)L_3\right] +$$

$$g\left(\frac{M_2}{2} + W_2\right)L_2\left[\cos(1.5\theta_0) - 1.5\partial\theta\sin(1.5\theta_0)\right] = T_0 + \Delta T \qquad (10.29)$$

当驱动近指骨支撑架的绳轮转动角度 θ_0 并处于稳定状态时

$$g\left[\left(\frac{M_1}{2} + W_1\right)L_1 + \left(\frac{M_3}{2} + W_3\right)L_3\right]\cos\theta_0 + g\left(\frac{M_2}{2} + W_2\right)L_2\cos 1.5\theta_0 = T_0 \quad (10.30)$$

将式（10.30）代入式（10.29）可得

$$J\partial\ddot{\theta} + C\partial\dot{\theta} - g\left(\frac{M_2}{2} + W_2\right)L_2 \times 1.5\partial\theta\sin(1.5\theta_0) -$$

$$\partial\theta\sin\theta_0 g\left[\left(\frac{M_1}{2} + W_1\right)L_1 + \left(\frac{M_3}{2} + W_3\right)L_3\right] = \Delta T \qquad (10.31)$$

对式（10.31）进行拉普拉斯变换，可得

$$Js^2\partial\theta(s) + CS\partial\theta(s) - g\left(\frac{M_2}{2} + W_2\right)L_2 \times 1.5\partial\theta(s)\sin(1.5\theta_0) -$$

$$\sin\theta_0 g\left[\left(\frac{M_1}{2} + W_1\right)L_1 + \left(\frac{M_3}{2} + W_3\right)L_3\right]\partial\theta(s) = \Delta T(s) \qquad (10.32)$$

由式（10.32）可得系统的传递函数为

$$G = \frac{\partial\theta(s)}{\Delta T(s)}$$

$$= \frac{1}{Js^2 + Cs - g\left\{\left(\frac{M_2}{2} + W_2\right)L_2 \times 1.5\sin(1.5\theta_0) + \sin\theta_0\left[\left(\frac{M_1}{2} + W_1\right)L_1 + \left(\frac{M_3}{2} + W_3\right)L_3\right]\right\}}$$

$$(10.33)$$

本节以食指为例，对其所对应的气动人工肌肉拮抗对拉系统进行参数设定与计算，通过测量得到食指近指骨支撑架的长度 $L_1 = 46.5\text{mm}$、质量 $M_1 \approx 39\text{g}$，食指中指骨支撑架的长度 $L_2 = 27\text{mm}$、质量 $M_2 \approx 26.9\text{g}$，食指远指骨支撑架的长度 $L_3 = 24.5\text{mm}$、质量 $M_3 \approx 18.5\text{g}$。由于手指功能障碍的患指在没有外力作用下时呈现瘫软状态，即手指肌肉没有力度，患者手指各指骨对相应指骨支撑架的负载分别为 W_1、W_2 和 W_3。

由于系统总转动惯量 J 由驱动近指骨支撑架的转动惯量 J_1、驱动中指骨支撑架的转动惯量 J_2 和驱动远指骨支撑架的转动惯量 J_3 组成。根据转动惯量计算公

式和平行轴定理，分别代入近指骨支撑架、中指骨支撑架和远指骨支撑架的数据，可以得到 $J_1 = 8.6 \times 10^{-5} \mathrm{kg} \cdot \mathrm{m}^2$、$J_2 = 3.8 \times 10^{-5} \mathrm{kg} \cdot \mathrm{m}^2$、$J_3 = 2.3 \times 10^{-5} \mathrm{kg} \cdot \mathrm{m}^2$。则系统总转动惯量 J 为

$$J = J_1 + 1.5J_2 + J_3 = 1.66 \times 10^{-4} \mathrm{kg} \cdot \mathrm{m}^2 \tag{10.34}$$

则 $\dfrac{1}{J} = 6024 \mathrm{kg}^{-1} \cdot \mathrm{m}^{-2}$。

因此，式（10.24）可改写为

$$\ddot{\theta}_1 + \frac{C}{J}\dot{\theta}_1 + \frac{g}{J}\left[\left(\frac{M_1}{2} + W_1\right)L_1\cos\theta_1 + \left(\frac{M_2}{2} + W_2\right)L_2\cos(1.5\theta_1) + \right.$$
$$\left.\left(\frac{M_3}{2} + W_3\right)L_3\cos\theta_1\right] = \frac{T}{J} \tag{10.35}$$

根据表 10.1，手指近指骨转动的极限角度为 90°，考虑到患指在康复训练过程中二次伤害的可能性以及手指弯曲过程中相互之间的干扰，设定手指外骨骼支撑架带动手指转动的最大角度为 70°。当手指转动 70°时，气动人工肌肉的最大驱动力矩为

$$T_{\max} = g\left[\left(\frac{M_1}{2} + W_1\right)L_1\cos70° + \left(\frac{M_2}{2} + W_2\right)L_2\cos75° + \left(\frac{M_3}{2} + W_3\right)L_3\cos\theta_1\sin70°\right]$$
$$= 2.68 \times 10^{-3} \mathrm{N} \cdot \mathrm{m}$$

$$\tag{10.36}$$

假设外骨骼支撑架带动手指向上弯曲 70°所需时间为 2s，由于系统存在延时，故要求驱动力矩 T 达到最大值所需时间小于 2s，令 T 的上升时间为 1s，在 SIMULINK 中输入图形得到其施加过程如图 10.21 所示。

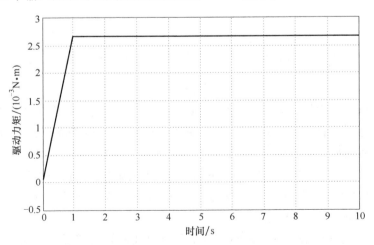

图 10.21　外骨骼支撑架驱动力矩的施加过程

　　根据式（10.35）建立系统仿真模型如图10.22所示。分别取 $C = 0.05$、0.1、0.15，代上各参数值，经过系统仿真得到食指外骨骼支撑架的转动角度和角速度变化如图10.23所示。由图10.23可知，当 $C = 0.05$ 时，食指外骨骼支撑架在2s到达稳定角度70.13°，而角速度在稳定之前经历了两个波峰和两个波谷，说明外骨骼支撑架在转动过程中存在抖动，不满足康复训练稳定运动的要求；当 $C = 0.1$ 时，食指外骨骼支撑架在2s基本达到稳定角度70.11°，角速度稳定之前仅出现一次波峰，变化曲线比较平滑；当 $C = 0.15$ 时，食指外骨骼支撑架在2s基本达到稳定角度71.32°，不满足预期要求，角速度在稳定之前仅出现一次波峰，变化曲线比较平滑。通过比较可以得出，当 $C = 0.1$ 时，最能够满足系统仿真的要求。

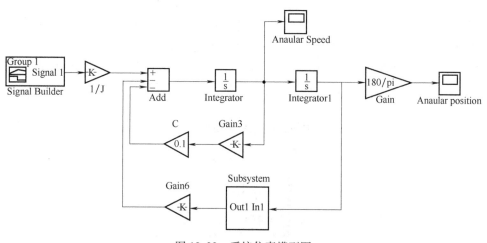

图 10.22　系统仿真模型图

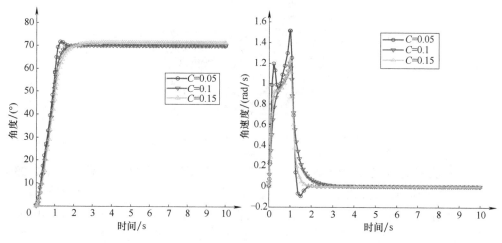

图 10.23　食指外骨骼支撑架的转动角度和角速度变化

10.4 手部主被动康复训练机器人性能实验

10.4.1 气动人工肌肉性能测试

手部康复训练机器人通过气动人工肌肉驱动手指进行被动康复训练，通过磁流变液制动器为手指主动康复训练提供阻尼力[17]。因此在进行主被动康复训练实验前，需对气动人工肌肉和磁流变液制动器进行性能测试，为后续主被动康复训练提供基础。

气动人工肌肉具有良好的变刚度特性，其驱动过程主要受外负载、充气压力和收缩率三个参数决定。若保持其中一个参数不变，则可得到其等张特性、等压特性和等长特性。搭建如图 10.24 所示的气动人工肌肉性能测试平台，主要由测试支撑平台、测力计、气动人工肌肉和电磁比例阀等组成。通过气泵供气，经电磁比例阀后进入气动人工肌肉，由测力计测得气动人工肌肉的张力，通过测试支撑平台上的刻度测得气动人工肌肉的收缩量。

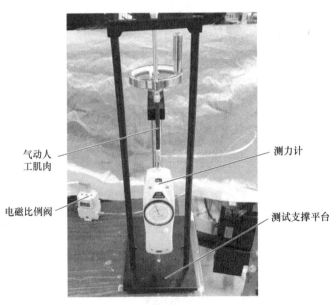

图 10.24　气动人工肌肉性能测试平台

1）收缩量-充气压力特性测试。在气动人工肌肉处于自然竖直状态下，测得不同充气压力下其长度的变化量如图 10.25a 所示。气动人工肌肉收缩量和充气压力之间呈现非线性关系，当充气压力低于 0.1MPa 时，气动人工肌肉的收缩量很小，这是由于其具有一定的弹性且编织网与乳胶管之间存在一定空隙；而当充气压力大于 0.1MPa 后，其收缩量变化明显；当充气压力为 0.6MPa 时，收缩量可达 14.86mm。

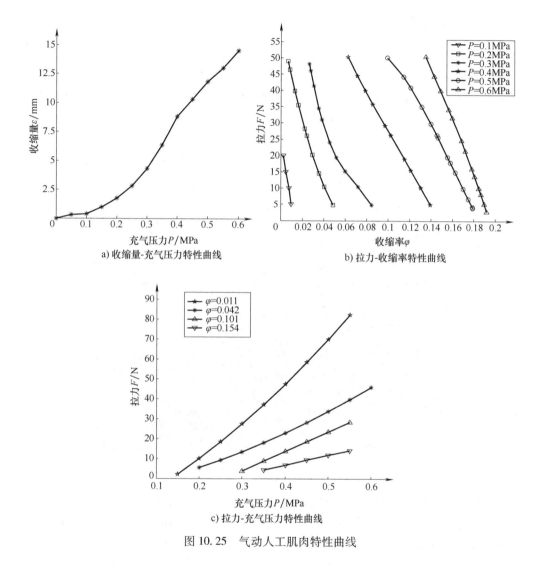

a) 收缩量-充气压力特性曲线

b) 拉力-收缩率特性曲线

c) 拉力-充气压力特性曲线

图 10.25　气动人工肌肉特性曲线

2）拉力-收缩率特性测试。保持充气压力不变，测得气动人工肌肉的拉力-收缩率特性曲线如图 10.25b 所示。由图 10.25b 可知，随着收缩率的增大，气动人工肌肉的拉力近似呈线性降低。

3）拉力-充气压力特性测试。保持气动人工肌肉的长度不变，充入不同压力的气体并同时测量气动人工肌肉的拉力值。图 10.25c 为拉力-充气压力特性曲线，图中当保持气动人工肌肉的收缩率不变时，其拉力与供气压力之间呈近似线性关系，并且收缩率越大，拉力随供气压力的增长速度越缓慢，这与气动人工肌肉的理论模型相符合。

10.4.2　磁流变液制动器性能测试

在进行主动康复训练实验之前，需要对磁流变液制动器进行标定以获得其输出转矩与电流之间的关系曲线。搭建磁流变液制动器性能测试平台如图 10.26 所示，直流电机通过联轴器带动磁流变液制动器的转轴转动，磁流变液制动器的外壳连接一刚性力臂杆（力臂长度为 0.06m），力臂杆的另一端放置在拉压力传感器上，磁流变液制动器的励磁电流由电源供给。该测试平台的工作原理是：当给磁流变液制动器的励磁线圈通入电流时，磁流变液发生流变效应，对制动器外壳产生剪切力，从而带动力臂杆作用于拉压力传感器上产生压力，压力与力臂的乘积即为磁流变液制动器的输出力矩。

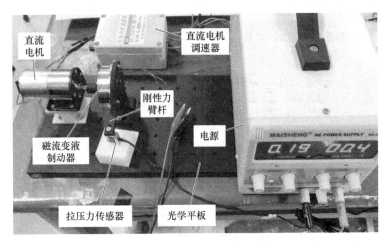

图 10.26　磁流变液制动器性能测试平台

图 10.27 所示为磁流变液制动器输出力矩-电流关系曲线。当电流小于 0.7A 时，输出力矩与电流之间呈近似线性关系，进一步增大电流，输出力矩的增加趋势变缓。当电流为 1A 时，输出力矩可达 0.33N·m，由于手指近指骨对磁流变液制动器的力臂长度为 0.025m，则施加于手指上的阻尼力为 13.2N，通常情况下偏瘫患者在康复训练中患指最大承受训练阻力为 10N。因此，该磁流变液制动器满足手指主动康复训练对于训练阻力的要求。

10.4.3　被动康复训练实验

由于手指康复训练机器人的四指结构相似，均为三关节，而大拇指则为两关节。因此，实验中以食指和拇指为例，受试者穿戴手指康复训练机器人自主

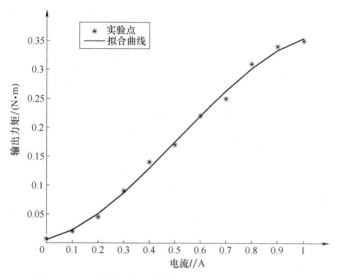

图 10.27　磁流变液制动器输出力矩-电流的关系曲线

地进行食指和拇指的抓握和伸展动作，在手指运动过程中为磁流变液制动器输入 0.1A 的励磁电流以提供训练阻力。

拇指运动过程中的各关节弯曲角度和传动机构中钢丝绳拉力变化如图 10.28 所示，由图可知，拇指 MP 和 DIP 关节的弯曲角度比约为 1∶1，但在手指弯曲的初始阶段和结束阶段，两个关节的角度存在一定的差异，主要原因是传动机构中的钢丝绳存在一定的松弛现象。总体来说，拇指的两个关节的弯曲角度基本相等，这也符合手指关节运动耦合关系要求。图 10.28 中的 F_1、F_2 分别表示拇指运动过程中两侧钢丝绳拉力。在手指运动前，为保证传递精度，需对钢丝绳进行一定程度的预紧，故其初始拉力大于 0。手指运动过程中的拉力变化与预期相符，表明手指被动康复训练过程具有良好的稳定性。

食指运动过程中的各关节弯曲角度和拉力变化如图 10.29 所示，其运动过程的拉力和关节角度的变化符合人手的运动规律。图 10.29 中，PIP 关节弯曲角度的理论值和实测值基本一致，均约为 MP 关节弯曲角度的 1.5 倍。食指 MP、PIP、DIP 三个关节的运动角度近似符合 1∶1.5∶1 的耦合关系。与拇指弯曲过程类似，食指关节运动过程中的弯曲角度同样存在小幅波动。

通过对拇指和食指的运动测试，其关节运动的耦合关系符合设计需求。但实验中，同样发现各个关节运动角度存在一定的差异。以拇指为例，如图 10.30 所示，其运动过程中关节角度并不严格符合 1∶1 的耦合关系，即存在一定程度的上下波动，称为"弹性域"。

下面就拇指和食指运动过程中的"弹性域"进行实验测试，具体方案为：

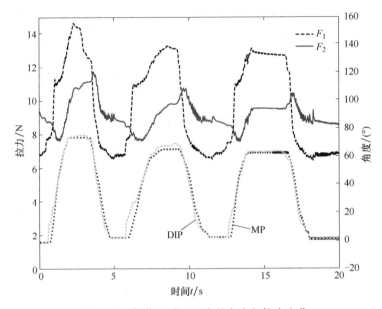

图 10.28　拇指运动过程中的角度与拉力变化

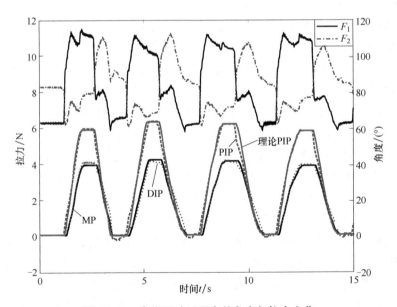

图 10.29　食指运动过程中的角度与拉力变化

受试者穿戴手部康复训练机器人进行被动训练，但在手指运动过程中可对机器人施加一定的阻抗力和驱动力，进而在多种情况下对拇指和食指进行运动角度分析，拇指和食指在多次运动过程中的角度变化如图 10.31 所示。图 10.31 中，

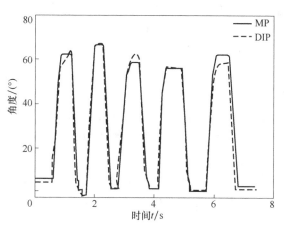

图 10.30 拇指运动过程角度变化

在手指 MP 关节角度变化一定的情况下，其 DIP 和 PIP 关节角度变化在一定范围内波动，这主要是受钢丝绳弹性、初始预紧度和气动人工肌肉的变刚度特性等影响。而实际操作中，可通过调整钢丝绳的预紧度和控制气动人工肌肉的变刚度特性，对手指康复训练机器人的"弹性域"进行调整，则可以达到适应不同人群、不同训练条件的需求，同时还可有效避免因系统故障对人体造成二次伤害，具有较高的安全性。

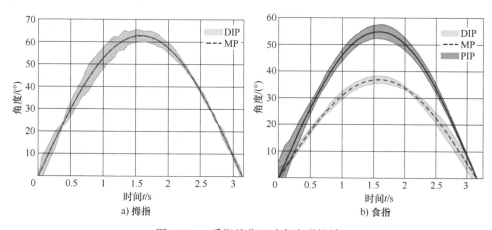

a) 拇指   b) 食指

图 10.31 手指关节运动角度弹性域

10.4.4 主动康复训练实验

在进行主动康复训练实验时，受试者穿戴康复训练机器人，进行自主的手指抓握运动，实验中预先设置多种强度的训练阻力，同样进行拇指和食指的独立实验，并在实验中采集两侧钢丝绳拉力。

图 10.32 为手指主动训练阻力矩实验结果。实验中分别向磁流变液制动器施加 0、0.2A、0.4A 的电流。当电流为 0 时，其拇指和食指的运动均受到较小的初始阻力矩，约为 0.05N·m，该阻力矩主要来源于磁流变液的黏滞阻力和系统的摩擦阻力。由图 10.32 可知，在手指弯曲与伸展过程中的初始阻力矩大致相等，并且食指和拇指在同一电流下的训练力矩近似相等。具体以拇指为例，其主动训练时的阻力矩变化曲线如图 10.33 所示。当电流为 0.2A 和 0.4A 时，阻力矩分别为 0.027N·m 和 0.08N·m。相比于图 10.27 中的实验结果，实际训练时的阻力矩与磁流变液制动器的输出力矩基本一致，由此可见，采用磁流变液制动器可以为手指主动康复训练提供较为准确可控的训练阻力。

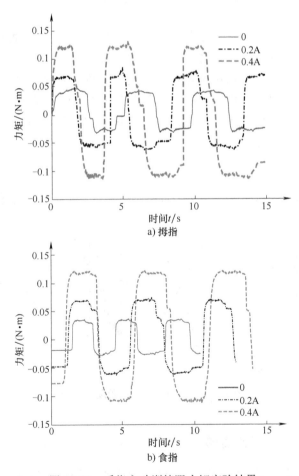

图 10.32　手指主动训练阻力矩实验结果

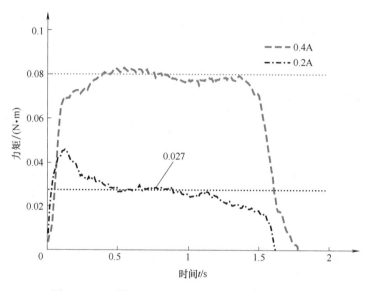

图 10.33　不同电流下拇指主动训练阻力矩变化曲线

10.5　基于运动意图识别的手指主被动康复训练实验

10.5.1　表面肌电信号预处理与特征提取

人体的运动是在大脑皮层控制下，触发运动神经单元，将神经系统与肌肉系统相连。在肌肉运动过程中，运动神经单元会引起肌肉纤维上的电位变化构成动作电位，由于在突触上的电位是脉冲序列，在一段动作持续期间的动作电位的综合则为肌电信号[18,19]，它是在人体大脑意识的控制下由兴奋传导的电信号，能够一定程度上体现人体的运动意图。表面肌电信号的一般处理流程如图 10.34 所示。

1. 多通道肌电信号解耦

表面肌电信号的预处理流程一般包括多通道肌电信号解耦、信号滤波和肌电信号起始点查找等。因人体手指关节的运动是由多肌肉群协同驱动，故单个通道肌电电极采集的信号包含多个肌肉群的运动信息，即导致多通道观测到的动作电位产生一定的串扰。采用独立成分分析（Independent Component Analysis, ICA）对采集的肌电数据进行解耦，首先建立多通道表面肌电信号串扰 ICA 解耦模型，在此过程中，可将采集的多通道相互串扰的肌电信号，近似为一个多输入多输出的耦合系统[20,21]，具体模型如图 10.35 所示。

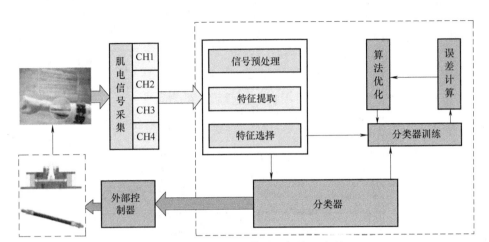

图 10.34　表面肌电信号一般处理流程

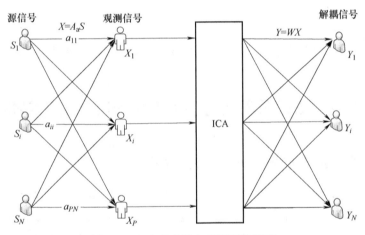

图 10.35　多通道肌电信号解耦模型

2. 信号滤波

在采集表面肌电信号的过程中，会受到来自电极、电缆、信号放大电路、采集装置和导联线等的干扰，影响信号的采集质量。然而，通过常规的电路滤波技术无法达到完全的噪声滤除效果，采集信号时仍会存在线路、运动伪迹和电缆等引起的电噪声干扰。图 10.36 所示为采集的 4 通道表面肌电信号频谱图，可知其仍存在一定频率的噪声干扰。

根据表面肌电信号的频谱能量分布，有必要进一步设计数字滤波器进行噪声去除[22]。采用 4 阶的 Butterworth 滤波器进行 20~200Hz 的带通滤波，并进行 50Hz 的工频陷波，以进一步去除周围线路的工频干扰、运动伪迹或电缆引起的电噪声，滤波后的效果如图 10.37 所示。

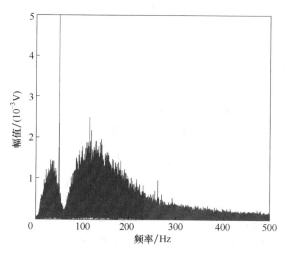

图 10.36 原肌电信号频谱

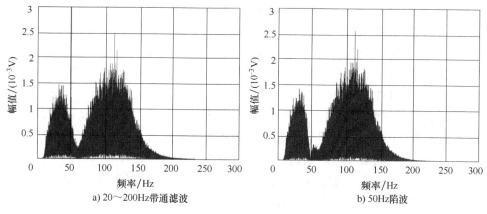

a) 20～200Hz带通滤波   b) 50Hz陷波

图 10.37 肌电信号数字滤波频谱

3. 肌电信号起始点查找

对采集的表面肌电信号进行 ICA 解耦和滤波处理后，需对肌肉动作起始点做出准确判断。因为即使在信号滤波处理后，采集的信号仍包含较多静息时刻的数据，即底噪信号。在对肌电信号进行特征提取时，较长时间的静息数据会对特征提取质量产生较大影响，进而降低模式识别的准确率[23,24]。采用 TKEO 检测法对表面肌电数据进行动作起始点检测。

TKEO 检测法由 J. F. Kaiser 等人提出，主要用于计算机语音信号能量检测，具有算法简单、计算量较小、实时性较高和应用性强的优点[25]。TKEO 算子可表示为

$$\psi\left[x(n)\right]=x^2(n)-x(n+1)x(n-1) \tag{10.37}$$

假定信号序列 $x(n)$ 为正弦信号，则 TKEO 算子可改写为

$$\psi\left[x(n)\right]\approx A_x^2\sin^2\omega_f \tag{10.38}$$

式中，A_x 为信号振幅；ω_f 为信号频率。

由式（10.38）可知，TKEO 由信号的振幅和频率决定。故在人体手部运动时，其肌肉运动的频率和幅值会发生一定的改变，因此可通过 TKEO 算法判断肌肉的状态变化，进而检测动作的起始和结束时刻。

$$\tilde{x}(n)=x(n)-\frac{1}{N}\sum_{i=1}^{N}x(i) \tag{10.39}$$

$$\psi(n)=\tilde{x}^2(n)-\tilde{x}(n+1)\tilde{x}(n-1) \tag{10.40}$$

式中，N 为肌电序列的长度，$n=1$，2，$\cdots$，N。

在利用 TKEO 算法检测动作状态前，将滤波后的肌电信号转换至 TKEO 数据域，并对信号进行去均值处理，具体过程如下：在得到 TKEO 的肌电信号序列后，建立阈值 Th，并与 TKEO 数据域的肌电序列相比较，进行运动状态判断。其中，判定阈值 Th 的选取对动作时刻的检测精度影响较大：首先选用表面肌电信号一段底噪信号，并求解其均值 μ 与标准差 δ，接着设置放大因子 c 建立阈值 Th；最后将阈值 Th 比较后的结果以符号函数 $s(n)$ 的形式将运动状态以“0”、“1”数值进行显示，其中，“0”表示为静息时刻、“1”表示运动发生。

在肌电信号持续采集过程中，一般会存在两种误判情况：①在静息的某一时刻中受到外界的突然干扰，将噪声误判为肌肉运动；②在运动持续阶段，在肌肉收缩过程中由于肌电信号的起伏，将其误判为肌肉无动作。上述干扰会随机发生在表面肌电信号的采集过程中，对肌肉运动的起始时刻判断产生较大干扰，如图 10.38 所示。通过 $s(n)$ 进行运动状态显示，存在较多的干扰点，无法对运动的起始和结束时刻作出准确判断。

为了解决 TKEO 算法中 $s(n)$ 存在较多的误判问题，根据肌肉的运动频率和运动持续时间，对 $s(n)$ 进行后处理。具体操作如下：首先根据动作情况预先设置运动判断参数 T_1、T_2，然后根据 $s(n)$ 计算所有的运动和静息的持续时间 t，并分别与 T_1 和 T_2 比较，将运动持续时间小于 T_2 的运动状态全部用“0”替换，静息持续时间小于 T_1 的运动状态全部用“1”替换。其中，T_1 和 T_2 的数值可根据动作运动时间调整，选取 $T_1=50$、$T_2=10$。经过去除误判优化后，可以准确地检测动作起始和结束时刻，如图 10.39 所示。

10.5.2　基于肌电信号的抓握力解码

为了给患者在主动训练中提供合适的训练阻力，需要对其肌电信号的抓握力解码，即在患者进行主动训练时，根据其肌电信号自动调整训练力的大小，

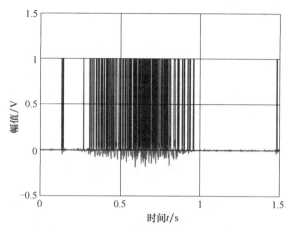

图 10.38 肌电信号动作误判情况

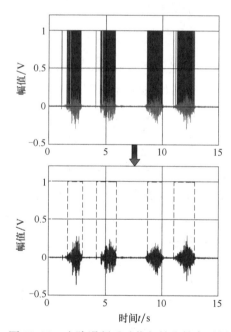

图 10.39 去除误判后动作起始和结束时刻

实现基于患者意图的主动康复训练,以提高安全性和患者的参与度。

为了建立肌电信号与抓握力的关系,采用机器学习的方法,以肌电信号为输入、抓握力信号为输出,运用 GA_BP 神经网络建立其非线性关系进行抓握力预测[26-28]。如图 10.40 所示,受试者在采集肌电信号时,手指上佩戴力敏电阻进行五根手指的分别抓握,每种模式同步采集 30 组,每种动作开始采集时,先保持无动作 2s 以确保同步触发;2s 后进行一次最大抓握力抓握,之后进行持续性动态施力一段时间。在持续性施力过程中，可缓慢改变力的大小。

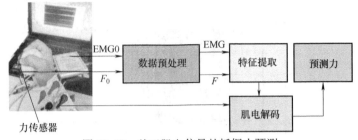

图 10.40　基于肌电信号的抓握力预测

在力估计方面，在数据过载的情况下，为了使采集的肌电信号与力信号相对应，两组均采用滑动时间窗口进行预处理，并进行主要特征提取以减少冗余并提高响应速度。采用 MAV 和 IEMG 两个具有高性能的特征作为最终输入，其中 IEMG 为一段时间内信号幅值的绝对值之和，其与动作电位有关，可表示为

$$IEMG = \sum_{i=1}^{N} |x_i| \tag{10.41}$$

力估计精度可通过平方相关系数（Square Correlation Coefficient，SCC）来衡量，SCC 越接近于 1，表示力估计精度越高[29]。

$$SCC = \frac{N \sum_{i=1}^{N} x_i y_i - \sum_{i=1}^{N} x_i \sum_{i=1}^{N} y_i}{\left[N \sum_{i=1}^{N} x_i^2 - \left(\sum_{i=1}^{N} x_i \right)^2 \right] \left[N \sum_{i=1}^{N} y_i^2 - \left(\sum_{i=1}^{N} y_i \right)^2 \right]} \tag{10.42}$$

式中，x_i 和 y_i 分别为力的估计值和真实值。

选用 IEMG、MAV 作为肌电力特征，结合遗传算法（Genetic Algorithm，GA）和反向传播（Back Propagation，BP）神经网络，提出基于 GA_BP 神经网络进行拇指的抓握力解码，其力预测结果如图 10.41 所示。由图 10.41 可知，通过 GA_BP 神经网络可以有效地进行手指抓握力的预测，不仅可以快速地跟随力的变化趋势，并且预测的误差控制在 5N 以内，SCC 值达到 0.9675，则通过 GA_BP 神经网络可以有效地进行手指抓握力的预测。

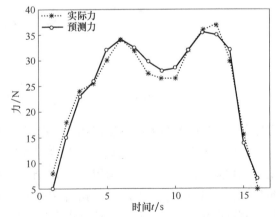

图 10.41　拇指抓握力预测结果

10.5.3　基于肌电信号的康复训练实验

受试者主动进行五个手指的单独抓握，同时采集手臂表面的肌电信号，并通过建立的 GA_BP 神经网络抓握力模型进行抓握力解码，进而通过求解实时调整磁流变液制动器的线圈电流，为手指主动康复训练提供阻尼力。主动抓握前，在手指指尖处放置薄膜压力传感器用于采集各个手指的抓握力。图 10.42 所示

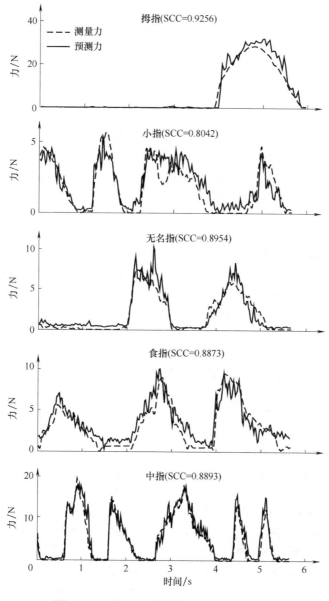

图 10.42　基于肌电信号的五指抓握力预测

为基于肌电信号的五指抓握力预测效果。由图 10.42 可见，通过 GA_BP 神经网络对表面肌电力有着很好的预测和跟随效果，拇指、小指、无名指、手指和中指的 SCC 值分别为 0.9256、0.8042、0.8954、0.8873 和 0.8893。相比于其余四指，拇指的 SCC 值较高，其原因主要为：①拇指的运动相对独立，而其余四指进行抓握动作时相互之间难免存在干涉；②拇指的抓握力较高，其力预测过程相对稳定，而小手指却恰恰相反。

参 考 文 献

[1] 朱圣晨，李敏，徐光华，等. 多段连续结构的外骨骼手指功能康复机器人 [J]. 西安交通大学学报，2018，52（6）：22-27.

[2] 刑科新. 手功能康复机器人系统若干关键技术研究 [D]. 武汉：华中科技大学，2010.

[3] 王杰，管声启，夏齐霄. 手指康复外骨骼机器人的结构优化设计 [J]. 中国机械工程，2018，29（02）：224-229.

[4] KAWASAKI H, ITO S, ISHIGURE Y. Development of a hand motion assist robot for rehabilitation therapy by patient self-motion control [C]. 10th IEEE International Conference on Rehabilitation Robotics, Noordwijk, Netherlands, Jun. 13-15, 2007.

[5] Blake J, Gurocak H B. Haptic glove with MR brakes for virtual reality [J]. IEEE/ASME Transactions on Mechatronics, 2009, 14 (5)：606-615.

[6] DOVAT L, LAMBERCY O, GASSERT R, et al. Hand CARE：a cable-actuated rehabilitation system to train hand function after stroke [J]. IEEE Transactions on Neural Systems and Rehabilitation Engineering, 2009, 16 (6)：582-591.

[7] 杨庆华，张立彬，阮健，等. 人类手指抓取过程关节的运动规律研究 [J]. 中国机械工程，2004，15（13）：1154-1157.

[8] 张勤超. 手部功能康复机器人机械系统的设计与研究 [D]. 哈尔滨：哈尔滨工业大学，2011.

[9] LEE J W, RIM K. Maximum finger force prediction using a planar simulation of the middle finger [J]. Proceedings of the Institution of Mechanical Engineers, Part H：Journal of Engineering in Medicine, 1990, 204 (3)：169-178.

[10] TANG T, ZHANG D, XIE T, et al. An exoskeleton system for hand rehabilitation driven by shape memory alloy [C]. IEEE International Conference on Robotics and Biomimetics, Shenzhen, China, Dec. 12-14, 2013.

[11] 邢科新，徐琦，黄剑，等. 一种新型穿戴式手功能康复机器人 [J]. 中国机械工程，2009，20（20）：2395-2398.

[12] SUN Z, BAO G, YANG Q, et al. Design of a novel force feedback dataglove based on pneumatic artificial muscles [C]. IEEE International Conference on Mechatronics and Automation, Luoyang, China, Jun. 25-28, 2006.

[13]　隋立明，王祖温，包钢. 气动肌肉的刚度特性分析 [J]. 中国机械工程，2004，15 (03)：56-58.

[14]　CHOU C P, HANNAFORD B. Measurement and modeling of McKibben pneumatic artificial muscles [J]. IEEE Transactions on Robotics and Automation, 1996, 12 (1)：90-102.

[15]　王庭树. 机器人运动学及动力学 [M]. 西安：西安电子科学技术大学出版社，1990.

[16]　陈峰华. ADAMS 虚拟样机技术从入门到精通 [M]. 北京：清华大学出版社，2013.

[17]　曹子祥. 基于磁流变液技术的手指主被动康复训练装置设计与研究 [D]. 合肥：合肥工业大学，2019.

[18]　蔡立羽，王志中，李凌，等. 盲信号处理技术在双通道前臂肌电信号识别中的应用 [J]. 信息与控制，2000 (06)：548-552+558.

[19]　LI G, LI Y, YU L, GENG Y J. Conditioning and sampling issues of EMG signals in motion recognition of multifunctional myoelectric prostheses [J]. Annals of Biomedical Engineering, 2011, 39 (6)：1779-1787.

[20]　CHEN M, ZHOU P. A Novel Framework Based on FastICA for High Density Surface EMG Decomposition [J]. IEEE Transactions onNeural Systems and Rehabilitation Engineering, 2016, 24 (1)：117-127.

[21]　席旭刚，左静，张启忠，等. 多通道表面肌电信号降噪与去混迭研究 [J]. 传感技术学报，2014，27 (03)：293-298.

[22]　王大红，胡茂林. 巴特沃斯非线性混合滤波器图像滤波方法设计 [J]. 计算机工程与应用，2010，46 (21)：195-198.

[23]　董贺. 基于表面肌电信号人体下肢动作模式识别方法研究 [D]. 沈阳：沈阳工业大学，2017.

[24]　杨彬. 基于多通道肌电信号的手指康复动作研究 [D]. 杭州：浙江工业大学，2017.

[25]　LI X, ZHOU P, ARUIN A S. Teager-Kaiser energy operation of surface EMG improves muscle activity onset detection [J]. Annals of Biomedical Engineering, 2007, 35 (9)：1532-1538.

[26]　ZHANG L. An upper limb movement estimation from electromyography by using BP neural network [J]. Biomedical Signal Processing and Control, 2019, 49 (3)：434-439.

[27]　Ding S, Su C, Yu J. An optimizing BP neural network algorithm based on genetic algorithm [J]. Artificial Intelligence Review, 2011, 36 (2)：153-162.

[28]　Taijia Xiao, Dong Ren, Shuanghui Lei, Junqiao Zhang, Xiaobo Liu. Based on grid-search and PSO parameter optimization for support vector machine [C]. 11th World Congress on Intelligent Control and Automation, Shenyang, China, Jun. 29-Jul. 04, 2014.

[29]　张冰珂，段小刚，邓华. 基于肌电信号的多模式抓握力估计 [J]. 计算机应用，2015，35 (07)：2109-2112.